农业科学数据工作指引

胡　林　等　著

中国农业科学技术出版社

图书在版编目（CIP）数据

农业科学数据工作指引／胡林等著. --北京：中国农业科学技术出版社，2021. 10

ISBN 978-7-5116-5535-6

Ⅰ. ①农…　Ⅱ. ①胡…　Ⅲ. 农业科学-数据管理-中国　Ⅳ. ①S

中国版本图书馆 CIP 数据核字（2021）第 208097 号

责任编辑　张国锋
责任校对　李向荣
责任印制　姜义伟　王思文

出 版 者　中国农业科学技术出版社
北京市中关村南大街 12 号　邮编：100081
电　　话　(010)82106625(编辑室)　(010)82109702(发行部)
(010)82109709(读者服务部)
传　　真　(010)82106625
网　　址　http://www.castp.cn
经 销 者　各地新华书店
印 刷 者　北京建宏印刷有限公司
开　　本　170 mm×240 mm　1/16
印　　张　8. 5
字　　数　160 千字
版　　次　2021 年 10 月第 1 版　2021 年 10 月第 1 次印刷
定　　价　60. 00 元

《农业科学数据工作指引》著者名单

胡　林　樊景超　王晓丽　刘婷婷
闫　燊　高　飞　满　芮

前　　言

数据是经济发展的要素，同时也是国家的战略资源。农业科学数据是国家农业发展的基础性战略资源，决定了一个国家农业发展的水平和高度。国家农业科学数据中心是国家农业科学数据的专门管理机构，负责农业科学数据的汇交、加工整编、长期保存、分析评价和共享利用，长期深耕农业科学数据领域，在农业科学数据标准制定、农业科学数据基本理论的研究及农业科学数据工作业务平台的开发上，做了大量的工作，取得了重大的成果，支撑了中国农业科学研究、农业产业发展与农业重大决策的制定。

《农业科学数据工作指引》一书就要出版面世了，该书是对国家农业科学数据中心将近20年工作的系统梳理和总结，凝结了众多相关工作者的心血和汗水。全书共分6章，从农业科学数据概述、农业科学数据整编、农业科学数据汇交、农业科学数据加工、农业科学数据长期保存和农业科学数据共享6个方面，展示了农业科学数据工作的全流程，对农业科学数据工作进行了细致的梳理和总结，提出了切实可行的农业科学数据工作的理论和方法，为农业科学数据工作提供了详实的指引。

本书的出版，凝结了国家农业科学数据中心广大同事的努力。研发组设计了农业科学数据工作的体系框架和模型，开发组开发了高效卓越的农业科学数据工作应用系统和平台，服务组通过大量耐心细致的服务，总结出了很多服务流程和服务标准，以上成果都固化在了国家农业科学数据中心的系列工作应用系统和平台，农业科学数据管理系统、农业科学数据汇交系统、农业科学数据加工系统、农业科学数据长期保存系统、农业科学数据工作服务系统、农业科学数据中心门户6大系统平台，完整覆盖农业科学数据的各个环节。为农业科学数据工作提供了高效的工作环境，同时，也为农业科学数据的信息化奠定了基础。

创新研究组的成员有樊景超、闫燊、刘婷婷、满芮。数据资源组的成员有李娟、昌静、周珊珊、孙敏。服务组的成员有王晓丽、冯玲和王晓晓。感谢同事们的辛勤工作，离开他们的工作，本书绝不可能出版。

参加本书写作的有胡林、樊景超、王晓丽、闫燊、刘婷婷、高飞6位同事。高飞博士负责第一章，王晓丽博士负责第二章，胡林博士负责第三章，闫燊博士负责第四章，樊景超博士负责第五章，刘婷婷负责第六章。胡林博士负责本书写作的协调，并完成统稿校对工作。满芮博士多次通读书稿，提出了宝贵的建议。

感谢中国农业科学技术出版社编辑的辛勤劳动，使得本书增色出彩，顺利出版！

胡　林

2021年9月14日星期二

于北京魏公村

目　录

第一章　农业科学数据概述 ……………………………………………………1
　第一节　农业科学数据的概念与内涵 …………………………………………1
　　一、科学数据 ……………………………………………………………1
　　二、农业科学数据 …………………………………………………………2
　第二节　国家农业科学数据中心简介 …………………………………………3
　　一、中心历史沿革 …………………………………………………………3
　　二、中心组织与运行管理 …………………………………………………4
　　三、中心主要工作 …………………………………………………………6
　　四、中心资源共享服务成效 ………………………………………………6
　第三节　农业科技项目科学数据汇交工作 ……………………………………8
　　一、科学数据汇交内容 ……………………………………………………8
　　二、科学数据汇交流程 ……………………………………………………9
　　三、汇交数据的管理与共享 ………………………………………………10
　第四节　农业基础性长期性科技工作 …………………………………………10
　　一、国内外相关研究 ………………………………………………………11
　　二、农业基础性长期性工作体系 …………………………………………12
　　三、学科领域数据中心 ……………………………………………………13
第二章　农业科学数据整编 ……………………………………………………17
　第一节　农业科学数据的类型和格式 …………………………………………17
　　一、农业科学数据的类型 …………………………………………………17
　　二、农业科学数据的格式 …………………………………………………18
　第二节　农业科学数据整编的基本要求 ………………………………………23
　　一、规范化整编方法 ………………………………………………………23
　　二、规范化整编实现步骤 …………………………………………………24
　第三节　科技项目数据质量控制 ………………………………………………25
　　一、数据质量控制基本要求 ………………………………………………26

二、数据质量控制在科学研究中的不同阶段 ……27
三、元数据的质量控制 ……28
四、农业科学数据汇交质量控制 ……29
第四节 科学数据组织的规范化 ……30
一、关系型数据库的规范化 ……31
二、非关系型数据库的规范化 ……32
三、数据库命名的规范化 ……34
第五节 科技项目科学数据管理系统 ……36
一、科学数据管理平台现状 ……36
二、观测实验站信息管理系统 ……37
第三章 农业科学数据汇交 ……40
第一节 农业科学数据汇交方案 ……40
一、工作意义与目标 ……40
二、工作任务与职责 ……40
三、工作方式与举措 ……41
第二节 农业科学数据汇交规范 ……42
一、汇交依据 ……42
二、汇交步骤 ……42
三、科学数据汇交计划 ……43
四、科学数据内容 ……45
五、数据的分级分类管理 ……45
六、数据加工与长期保存 ……46
七、数据共享 ……46
八、数据撤销 ……46
第三节 农业科学数据汇交范围 ……47
一、汇交数据范围 ……47
二、汇交注册范围 ……47
第四节 农业科学数据汇交流程 ……48
一、汇交计划的制定 ……49
二、汇交内容质量自查 ……49
三、科学数据汇交 ……49
四、科学数据共享 ……49
第五节 农业科学数据汇交系统操作指南 ……50

一、功能模块介绍 ……50
二、系统首页 ……51
三、科学数据汇交计划 ……52
四、自查质量信息报告 ……58
五、科学数据汇交内容 ……58
六、基本信息管理 ……63
第四章　农业科学数据加工 ……64
第一节　农业科学数据学科体系 ……64
第二节　农业科学数据主题词 ……66
一、农业科学数据主题词 ……66
二、农业科学数据主题词索引典（叙词表） ……66
三、农业科学数据本体库 ……67
第三节　农业科学数据元数据 ……71
第四节　农业科学数据加工 ……73
一、农业科学数据加工的目的 ……73
二、基本功能和界面 ……74
三、数据加工 ……74
四、数据审核和分配 ……75
第五节　国家农业科学数据中心农业科学数据加工工作重点 ……76
一、农业科学数据挖掘分析工具和平台研制 ……76
二、开展专题性的农业科学数据挖掘应用 ……77
第五章　农业科学数据长期保存 ……80
第一节　农业科学数据长期保存的意义 ……80
一、农业科学研究的本质需求 ……81
二、农业科学数据长期保存的必要性 ……82
第二节　农业科学数据长期保存工作的内容 ……83
一、长期保存系统原则 ……83
二、农业科学数据质量评价 ……84
第三节　农业科学数据学科体系 ……86
第四节　农业科学数据安全分级分类 ……89
一、农业科学数据安全分类 ……90
二、农业科学数据分类原则 ……92
三、农业科学数据安全分级原则 ……93

四、科学数据安全分类框架 ……93
五、农业科学数据安全分级准则 ……95
第五节　农业科学数据长期存储系统 ……96
一、系统首页 ……97
二、资源检索页 ……98
三、资源详情页 ……98
第六章　农业科学数据共享 ……100
第一节　农业科学数据共享的类型 ……100
一、农业科学数据共享平台 ……100
二、农业科学数据出版 ……105
第二节　农业科学数据的引用 ……106
一、数字对象标识符 ……106
二、科技资源标识体系 ……107
第三节　农业科学数据权属 ……108
一、国际农业科学数据的权属 ……108
二、中国农业科学数据的权属 ……109
第四节　国家农业科学数据中心门户网站 ……109
一、国家农业科学数据中心门户网站总体介绍 ……109
二、技术架构 ……110
三、国家农业科学数据中心门户网站数据服务介绍 ……112
四、农业科学数据工作服务系统 ……116
五、农业基础性长期性科技工作系统介绍 ……116
参考文献 ……120

第一章　农业科学数据概述

第一节　农业科学数据的概念与内涵

一、科学数据

什么是科学数据？国外的主要名称表述为“Science Data”“Scientific Data”或“Research Data”。国内则由“科技数据”演化为“科学数据”。关于科学数据概念，学术界主要有以下观点。

传统意义的科学数据。我国科学数据共享工程对科学数据的定义是：人类在认识世界、改造世界的科技活动中所产生的原始性、基础性数据，以及按照不同需求系统加工的数据产品和相关信息。它既包括了社会公益性事业部门所展开的大规模观测、探测、调查、实验和综合分析所获得的长期积累与整编的海量数据，也包括国家科技计划项目中所产生的原始的、基础科学和技术数据以及根据不同用户需求系统加工的数据产品和相关信息。经济合作与发展组织、美国国立卫生研究院、澳大利亚国立大学、剑桥大学等机构都从相关角度对“Research Data”做了明确定义。《科学数据管理办法》（国办发〔2018〕17 号）中也指出科学数据主要包括在自然科学、工程技术科学等领域，通过基础研究、应用研究、试验开发等产生的数据，以及通过观测监测、考察调查、检验检测等方式取得并用于研究活动的原始数据及其衍生数据。

从科学数据管理的角度出发，各机构对科学数据概念的相关界定可以分为三类：第一类是指那些能对研究成果进行验证的实际记录材料，这些材料不包括研究过程中产生的笔记、初步试验分析结果等未经验证的数据、资料；第二类是将与科学研究相关的试验数据、试验笔记、图像、音频视频、模拟系统等半成品作为科学数据范畴；第三类则是含义最为广泛的理解，包括科学研究全过程所产生的过程数据、半成品以及研究成果等。

数字化研究背景下的科学数据。随着信息技术的进步，科学研究的信息化日益成熟，科学计算促使人类描述社会复杂事务的能力不断提升。各种网络传输系统和数据存储与分析设施不仅有助于科学家获得强大的观察能力、分析能力、甚至试验能力，还能促进科研方法从理论分析和观察向科学研究对象的模拟与仿真发展，并推动“以数据为基础的科学研究第四范式”的形成，由假设驱动向直接基于科学数据进行探索的科学方法转变。科学研究和发现范式的转变给科学数据带来了新的含义，具体包括以下几个方面。

首先，通过探测器等高端设备的采集、高性能计算机模拟等产生大量的、原始的科学数据。这些科学数据不仅包括从传统条件下的理论预测和试验观测所获得的试验观测结果，还包括研究人员、科学仪器甚至科学研究过程和管理机制等科学研究活动各个方面的因素综合，以及通过计算机仿真和模拟分析等方式产生的数字表达等，也包括社会科学领域的研究对象。这种数字表达的优点在于可以描述大规模或微尺度实体，根据科学研究所需，进行各种形式的组合、变化和数字表达。其次，原始数据包括科学试验未经处理的数据及科学研究对象的数字表达。大数据时代的“数据”，不再是孤立的、静态的数据，而是动态的、系统化的数据，以持续且不间断的“数据流”形式而存在，成片的、互为关联、有生命力的数据。数据成为社会各行各业创新必不可少的基础资源，对其进行系统采集和科学分析至关重要。

二、农业科学数据

农业科学数据是农业领域的科学数据，将其定义为：从事农业科技活动产生的原始性、基础性数据以及按照不同需求系统加工后的数据集合等相关信息，既包括农业及相关部门大规模观测、探测、调查以及试验所获得长期积累和整编的海量科学数据，也包括广大农业科技工作者长年累月的研究工作所产生的大量科学数据。

农业科学数据既服务于农业科研活动，也可以用于支持农业生产、政府决策、生产经营等。农业科学数据具有学科领域广泛、试验周期长、数据类型复杂多样等特点，随着农业科研的持续深化与拓展以及新兴和交叉学科的不断涌现，农业科学数据量呈指数发展态势的增长。农业科学数据源自各大学科领域，不仅包括农业，还包括林业、环境、工业制造等。不同的类别与结构使元数据标准不同，在海量的数据集基础之上增添了农业科学数据的异构性特征。

农业科学数据是农业科学研究的基石。从20世纪60年代中期以来，世界农业产量增长80%以上，其中，玉米、水稻、小麦的产量几乎翻了一番，有效地提高了生产率，加强了粮食安全，减轻了贫困状况，对于整个经济、社会、政治、文化进步起到了基础支撑作用。全球和中国的农业发展经验表明，农业科技进步对于农业的发展起到了重要的推动作用。目前发达国家的农业科技进步贡献率一般达到了70%以上。中国的农业科技进步贡献率也由20世纪80年代初期的23%上升到21世纪初期的46%左右，目前超过了60%。农业科学数据的大量积累与广泛应用是农业科技进步与培育重大农业科技成果的前提。以往科研工作者要花大量时间去从事科学数据搜集工作，现在处于万物互联时代，使数据检索工作变得快捷、方便，从而使科研工作者有更多的时间去从事创造性工作，发挥农业科学数据的作用。

农业科学数据是农业农村经济发展的宝贵资源。随着农业现代化发展进程的推进，信息资源作为对其他物质资源和能量资源进行有效管理的工具，具有重要意义。农业科学数据作为具有显著的科技推动力、投资引向价值、应用增值潜力和决策支撑作用的一种极富价值的信息资源，具有特殊的内涵和特殊的配置形式，是合理开发农业资源的重要科学依据，在促进农村经济发展，促进人类社会进步等方面发挥着日益重要的作用。

第二节　国家农业科学数据中心简介

国家农业科学数据中心是科技部首批认定的20个国家级科学数据中心之一，立足于农业，以满足国家和社会对农业科学数据共享服务需求为目的，通过集成、整合、引进、交换等方式汇集国内外农业科学数据资源，并进行规范化加工处理，分类存储，最终覆盖全国，联结世界。中心秉持“开放为常态，不开放为例外”共享理念，明确为公益事业无偿服务的政策导向，充分发挥科学数据的重要作用。

一、中心历史沿革

20世纪90年代国家启动金农工程项目，提出建设一系列农业信息资源数据库，开启了农业科学数据库建设的序幕。“十一五”期间，国家科学技术部积极推动“国家科技基础条件平台”建设相关工作，2005年成立国家农业科学数据共享中心，由中国农业科学院农业信息研究所承担，按照作物、动物、渔业、热作、草业、农业微生物等 12 个主题，分年度收集与农业科学有关的各类数据进行数字化加工与整合。2011 年国家农业科学数据中心通过科技部、财政部联合评审，成为首批认定的 23 个国家级科技平台之一。2015 年，农业科学数据资源建设突破 TB 级别，可共享资源占比 100%，为国家农业科技创新提供数据支撑。在硬件环境方面，2018 年中心完成搭建 PB 级大数据并行计算环境和 22 兆亿次的高性能计算环境，实现了覆盖数据全生命周期的信息化支撑能力。2019 年科技部、财政部将农业科学数据共享服务平台优化调整为国家农业科学数据中心。经过多年发展，国家农业科学数据中心已形成由 1 个中心、9 个共建单位、15 个省级服务分中心构成的集农业科学数据管理、服务、评估、利用为一体的科学数据中心，发展历程见图 1–1。

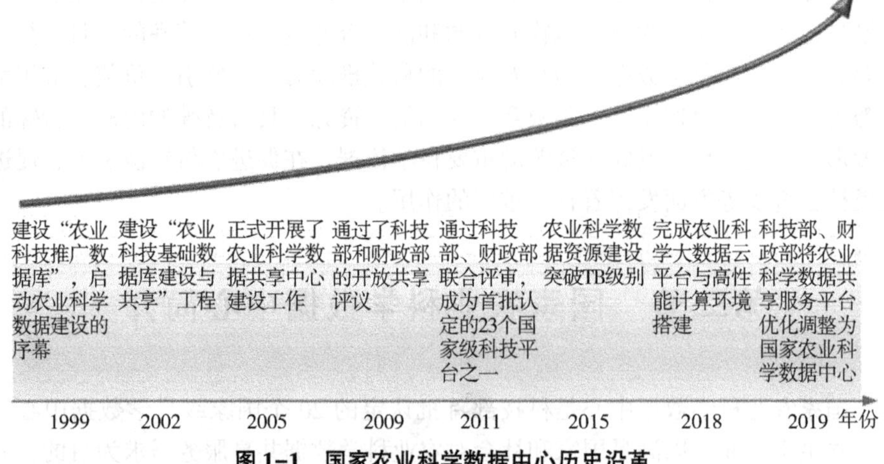

图 1–1　国家农业科学数据中心历史沿革

二、中心组织与运行管理

国家农业科学数据中心依托中国农业科学院农业信息研究所，主要负责总体规划、管理制度与标准规范的制定与监督执行；日常管理与考核评价；数据共享门户、科学数据汇交系统、加工系统、长期存储系统和服务系统的建设与维护等。中国农业科学院作物所、中国农业科学院畜牧所、中国农业科学院农业资源与区划研究所、中国水产科学研究院、中国热带农业科学院等单位为中心共建单位，负责各专业领域数据资源建设、整合与科学数据服务，参与中心管理制度及科学数据标准规范制定与修订，数据发布以及数据共享服务等。依托单位和协作单位的科学数据实现统一持久存储，协同开展共享服务。

国家农业科学数据中心建立了数据资源、创新研究和数据服务 3 个工作组，专职从事科学数据管理与共享工作，形成了资源建设、技术支撑与服务运维的“三角”业务架构，有效保障了平台运行管理、数据管理与分析、数据共享服务等多项工作协同推进。数据资源工作组负责科学数据资源汇交和收集、数据分级分类和评估评价、数据加工解耦、专题数据汇聚加工以及科学数据长期保存。创新研究工作组负责标准规范制定、关键技术攻关、创新模式归纳、前沿学术研究等工作。数据服务工作组负责农业科学数据参考咨询服务、农业科学数据专题服务、专题数据收录认证、农业科学数据挖掘分析和中心的对外宣传。国家农业科学数据中心组织架构见图 1-2。

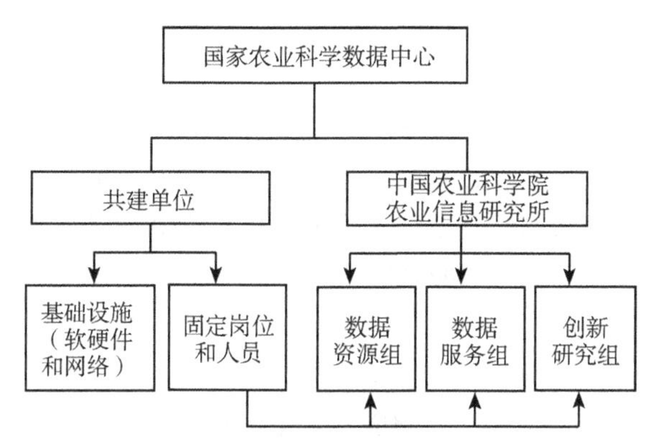

图 1-2　国家农业科学数据中心组织架构

国家农业科学数据中心起草完成的管理制度：《中国农业科学院农业科学数据管理与开放共享办法》《国家农业科学数据中心管理总则》《国家农业科学数据中心工作规则》《国家农业科学数据中心服务运行后补助经费管理办法》《国家农业科学数据中心领域数据分中心管理细则》《国家农业科学数据中心省级共享服务分中心管理细则》《国家农业科学数据中心数据汇交管理办法》《国家农业科学数据中心数据发布管理办法》《国家农业科学数据中心共享服务管理办法》等，完善了中心管理制度架构，支撑中心稳定高效运行。

完成标准规范的制定：《天然打草场退化分级行业标准》《高寒地区青贮玉米种植技术规程》《高寒地区饲用燕麦种植技术规程》《草甸草原放牧退化定量评估方法》《渔业科学数据平台数据分级规范与数据库结构和标准规范（2019 年）》《天然橡胶产业数据库数据采集标准规范》《木薯产业数据库数据采集标准规范》《农业科学数据资源体系（渔业分中心）分级与编码规范》

《渔业科学数据平台数据库结构和标准规范（2020年）》《汇交数据入库管理标准》《科学数据汇交工作规范》《动物疫病监测数据录入规范》。进一步完善了现有的数据标准体系，推进农业科学数据资源向国家平台汇聚与整合，为农业科技创新提供高质量的科技资源共享服务。

三、中心主要工作

1. 科技计划项目科学数据汇交

中心承担国家科技计划项目形成的科学数据的汇交任务，利用自主研发的科技计划项目科学数据汇交系统，以及中心的数据服务专员队伍，持续为科技项目承担单位的科学数据汇交提供支撑服务，实现汇交数据的长期保存、管理和应用。

2. 农业长期定位观测数据汇聚

中心作为农业农村部农业科学观测体系的数据总中心，承担着2017年农业农村部启动的农业长期性基础性工作的数据汇交和管理工作，负责10大学科领域456个农业科学观测实验站的长期定位观测数据汇交、整编、长期保存和关联应用。

3. 科学数据的长期保存

中心建立了农业科学数据仓储库ASDA，实现了PB级农业科学数据对象的发现、获取、重用和互操作，为国家科技计划项目形成的科学数据、学术期刊论文支撑数据的长期保存提供一流的仓储。

4. 科学数据的整合与加工

中心拥有良好的科学数据编目、CSTR标注、分级分类、数据聚合、数据关联等整合加工能力，将科技计划项目科学数据、农业长期定位观测数据等各类数据资源进行有机整合，并围绕种质资源、品种选育、资源环境、营养健康等应用需求研制专题数据库和数据产品，支撑数据驱动的农业科研创新活动。

四、中心资源共享服务成效

在国家科技基础条件平台中心支持下，国家农业科学数据中心开展农业科学数据整合与共享实践，我国农业科学数据共享步入迅速发展时期。中心通过线上的国家农业科学数据中心门户，以及线下的9个领域数据分中心和15个省级数据服务分中心，积极开展专业化、区域化的农业科学数据共享和服务。围绕“农业科学家服务”“宏观管理与决策服务”“数据论文出版服务”和“数据管理与分析软件服务”等四大类开展工作，服务范围日益扩大，并取得了良好的服务效果。

国家农业科学数据中心组建专职科学数据服务团队，及时响应不同类型用户数据需求，深度践行以资源建设与资源服务为核心的农业科学数据共建共享发展理念，已形成了覆盖全国的多模式、多渠道科学数据共享服务体系。农业科学数据共享服务系统结构见图 1-3。

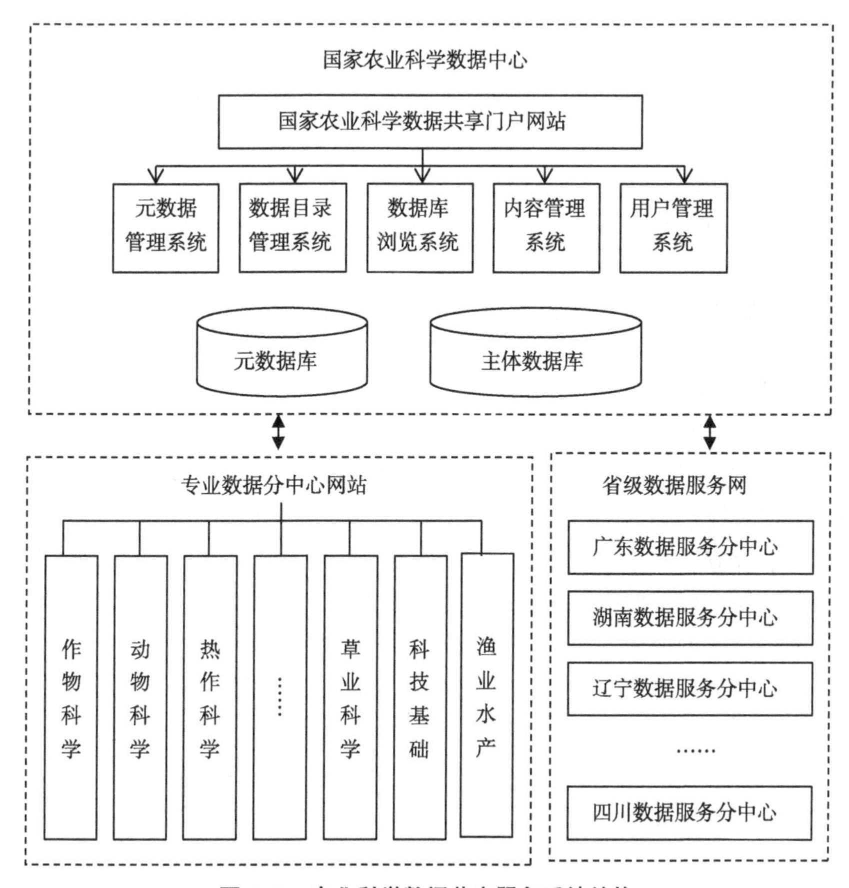

图 1-3　农业科学数据共享服务系统结构

第三节　农业科技项目科学数据汇交工作

国家科技计划项目科学数据是在实施国家科技计划项目过程中产生的原始性科学数据和相关的元数据，以及按照不同需求系统加工的数据产品。国家科技计划项目的科学数据是国家重要的战略资源，为政府决策、科技创新、经济增长、社会发展和国家安全提供重要的保障。及时汇交、整编、分析和共享国家科技计划项目数据，既能促进国家科技投入增值，也能更加充分挖掘利用数据。

欧美等发达国家较早开展了数据汇交工作并建立了一批具有国际影响力的数据中心，如美国国立卫生研究院（NIH）、地球数据观测网（DataONE）、英国数据服务（UK Data Service）。根据这些国家的数据汇交政策，需要提交相应的数据实体和元数据。2004 年 7 月，科技部、国家发展改革委员会、财政部、教育部制定了《2004—2011 年国家科技基础条件平台建设纲要》，启动了国家科技基础条件平台建设，为数据汇交奠定了平台基础。2008 年，科技部颁布并实施国家重点基础研发发展计划（973 计划）资源环境领域项目数据汇交政策，对 1998—2007 年立项的 973 计划资源环境领域项目数据进行汇交。2013 年，科技部启动了科技基础性工作专项项目数据汇交与规划整编工作，对 1999—2012 年立项的农业、林业、气象等专项项目数据进行汇交。为规范和加强国家科技基础性工作专项科学数据汇交管理工作，有效发挥专项产出和数据的科学价值、社会价值和经济价值，科技部于 2014 年颁布了《科技基础性工作专项项目科学数据汇交管理办法（试行）》，要求在项目验收前保质保量地完成科学数据汇交。2018 年，我国颁布了《科学数据管理办法》，要求进一步加强和规范科学数据管理，加快国家科技计划项目科学数据的汇交，促进数据共享应用。

一、科学数据汇交内容

农业科学数据汇交内容包括数据汇交方案、质量自查报告和科学数据 3 个部分（图 1-4）。

数据汇交方案是项目承担单位准备汇交数据以及与国家农业科学数据中心、专项数据汇交管理中心进行数据汇交对接、审核与验收的依据。汇交方案

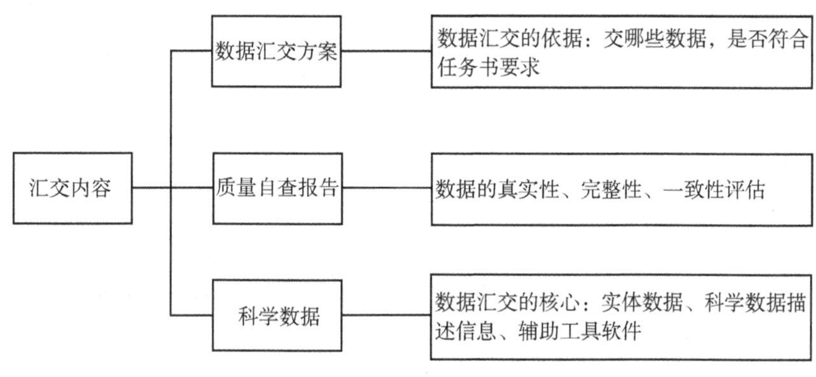

图 1-4　汇交内容

应根据项目任务书、申请书及实际执行情况制定，应明确以下内容：数据汇交义务人、数据产生方式、数据的种类和范围、数据格式、数据质量说明、汇交形式和进度、数据管理机构、数据保护期限、数据的科学价值与使用领域和其他说明事项。

项目承担单位对数据的真实性、完整性、一致性进行自查后编制质量自查报告。质量自查报告需在提交数据前报送至国家农业科学数据中心。

科学数据是项目数据汇交的核心，包括实体数据、科学数据描述信息和辅助工具软件。实体数据是指在农业科技活动中产生的科学考察与调查数据、整理资料形成的数据、科学图集和标准物的数据描述。科学数据描述信息主要包括元数据、数据说明文档等。辅助软件工具指使用数据的配套软件，如数据处理、分析软件。

二、科学数据汇交流程

农业科技基础性工作专项项目数据汇交流程大致可分为汇交方案编制、数据实体汇交和数据汇交验收 3 个阶段。

在数据汇交方案编制阶段，项目承担单位按照项目任务书考核指标和有关要求编制项目数据汇交方案。项目承担单位完成汇交方案编制后，报送国家农业科学数据中心进行审核。若审核通过则可提交至国家科技基础性工作专项项目数据汇交管理中心复核；若审核不通过则由项目承担单位对汇交方案进行修改直至通过。国家科技基础专项项目汇交管理中心对数据汇交方案进行复核，科技部在线终核直至通过。

项目承担单位在正式提出结题验收申请前向国家农业科学数据中心提交科学数据实体。项目承担单位将数据实体按照规范化文件目录组织整理形成汇交文件，将其直接刻录光盘或拷贝至移动存储介质，提交至国家农业科学数据中心。

在数据汇交验收阶段，国家农业科学数据中心对数据汇交文件的完整性、规范性、一致性和数据质量进行审查。审核合格的汇交文件提交国家科技基础性专项项目数据汇交管理中心进行复核，不合格的数据汇交文件则由项目承担单位进行修改直至合格为止。国家科技基础性专项项目数据汇交管理中心对复核合格的开具数据汇交验收证明。

三、汇交数据的管理与共享

国家农业科学数据中心配备专门的数据保管人员，建立规章制度，采取现代化的手段保存数据，保证数据安全；同时积极创造条件，保证农业科学数据的合理利用，推动数据共享。

农业科学数据的各级汇交都由上一级机构负责监督数据汇交计划的执行，并对数据汇交计划的执行情况作出评价。国家农业科学数据中心、分中心、数据节点都承担各级农业科学数据的接收、保管、提供和利用工作。国家农业科学数据中心保存全部农业科学数据元数据目录。

国家农业科学数据中心对汇交的科学数据进行分类、分级存储和管理，确保数据的物理安全，不得擅自修改和删除汇交的科学数据。项目承担单位可对汇交的科学数据申请保护期，保护期一般不超过 1 年。国家农业科学数据中心在数据验收后及时公布项目汇交科学数据元数据，在保护项目承担单位合法权益的基础上做好数据共享和服务工作。

第四节　农业基础性长期性科技工作

农业基础性长期性科技工作是我国农业管理部门为了推动农业科学技术创新与发展、指导农业生产实施的开创性重大举措。意在通过长期系统地对农业生产要素及其动态变化进行科学观察、观测和记录，阐明内在联系及规律，从而服务政府决策、支撑科技创新和指导农业生产。

一、国内外相关研究

世界主要发达国家和新兴国家都普遍重视基础性长期性科技工作。最早的也为长期定位试验研究室从肥料科学开始的，最具代表性的是1843年建立的英国洛桑实验站（现称洛桑研究所），其保持至今超过半年的长期定位试验有7个，试验结果揭示了施肥、耕作、轮作和除草剂等不同措施下农业生态系统的长期变化趋势，尤其是作物产量、元素与污染物循环和生物多样性等变化趋势。丹麦阿斯科夫实验站50多年的比较试验表明，化肥比有机肥更为有效。美国伊利诺伊大学的摩洛实验站试验区开始于1876年，经过100多年的研究，得出作物轮作并配合施肥量，产量最高并能保持土壤中较高有机质含量的结论。正是因为长期肥料试验在建立西方现代农业中的巨大贡献，美国政府于1968年授予摩洛试验区“国家历史名胜”荣誉称号。可以说，长期肥料试验的巨大成功，奠定了西方现代农业的基本格局。目前，世界上已持续观测60年以上的长期定位实验站有30多个，这些试验为农学、土壤学、植物营养学、生态学和环境科学等学科的发展作出了重要贡献，其研究结果对世界化肥工业的兴起和发展、科学施肥制度的建立、农业生态和环境保护集农业生产的发展，甚至对计算机软件的发展均起到了重要推动作用。

我国也十分重视农业科技基础性长期性工作。中国农业科学院在20世纪60—70年代，先后建成湖南祁阳、山东德州、河南商丘和陕西寿阳等资源与环境科学实验站；“七五”期间，投资700多万元建立9个国家土壤肥力和肥料效益监测基地及北京数据标本库，组成全国性土壤肥力监测网络，其中，浙江水稻监测基地始于1974年的“稻田三熟制土壤有机质长期定位试验”，成为国际全球变化和陆地生态土壤有机网络GCTE SOMNET中唯一的中国成员。1978年以来，国家投资兴建了国家种质资源长期库和32个国家级种质资源库，成为国家作物种质资源观测鉴定研究重要基地，野外观测从土壤、环境领域拓展到生物资源领域。建于1988年的中国生态系统研究网络经过30年的发展，已经形成了野外观测-数据观测-数据服务一体化的科学数据共享体系，为我国的生态系统长期定位研究、自然资源利用与保护研究，开展跨区域跨学科的联网观测和联网试验提供了野外科技平台，在引领我国和亚洲地区生态系统观测援救网络的发展方面作出了国际公认的科技贡献。建于2005年的国家生态系统观测研究网络则是在国家层面整合了全国跨部门、跨行业和跨地域的平台资源，实现了全国观测基地、设备、数据和智力资源的联网观测和研究，为促进我国生态环境领域学科建设和生态建设作出了积极贡献（熊明民，2015）。

二、农业基础性长期性工作体系

我国农业农村部2017年正式启动农业基础性长期性科技工作，由农业农村部统一领导，中国农业科学院牵头组建国家农业科技创新联盟组织协调和具体实施。自上而下，形成由1个国家农业科学数据总中心、10个领域科学数据中心和456个农业科学实验站组成的工作网络和全国一体化的工作体系框架，如图1-5所示。

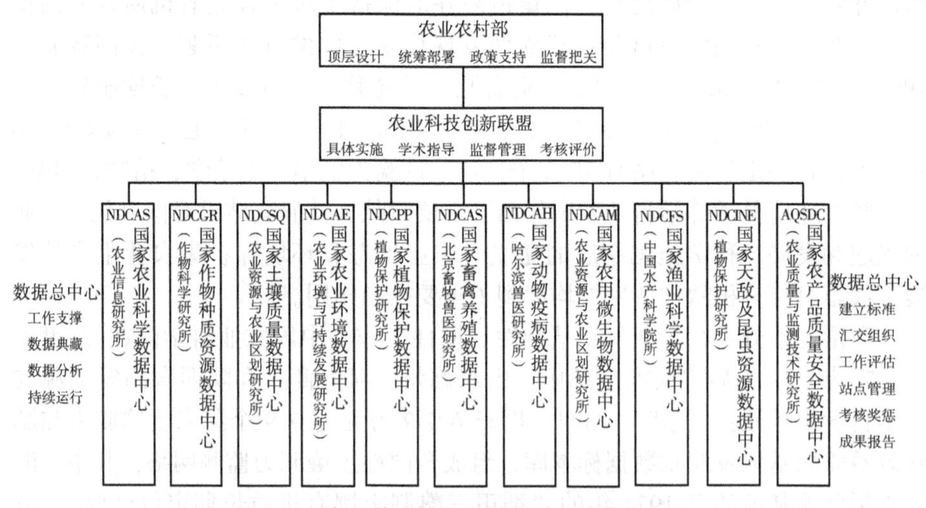

图1-5　农业基础性长期性科技工作体系框架

农业基础性长期性科技工作运行采取自下而上逐级汇总、上报和自上而下指导的模式：农业科学实验站采集获得原始数据，并经初步整理后提交相应数据中心；各农业科技数据中心指导农业科学实验站数据采集工作，开展数据的汇集以及综合分析，并向国家农业科技数据总中心提交数据和分析报告；国家农业科学数据总中心承担农业基础性长期性科技工作的技术支撑平台、大数据挖掘分析工具与平台、农业基础性长期性科技工作共识、标准规范体系等的建设，实现数据统一存储和长期保存，构建从数据到知识（与决策）的桥梁与机制，并向国家农业科技创新联盟提交有关工作和数据分析报告。国家农业科技创新联盟负责协助农业农村部推动农业基础性长期性科技工作全面发展，监督管理数据中心、观测实验站的建设与运行，并将有关工作开展情况报送农业农村部。

三、学科领域数据中心

国家农业科学观测工作是一项农业基础性长期性科技工作，是国家农业科技创新体系的重要组成部分，它依据我国农业生产区划与农业学科发展特征，对农业生产要素及其动态变化进行系统的观测、监测和记录，旨在阐明其联系及发展规律，为推动农业科技创新提供基础支撑，为农业农村绿色发展和管理决策提供科学依据。国家农业科学观测工作围绕作物种质资源、土壤质量、农业环境、植物保护、动物疫病等领域，获取长期定位观测监测数据，服务于相关领域科学研究和产业发展。

1. 国家作物种质资源数据中心

国家作物种质资源数据中心依托于中国农业科学院作物科学研究所，旨在通过对长时间序列的作物种质资源观测鉴定数据的有效整合、深入分析和高效共享，建立起国家主导、布局合理的作物种质资源观测鉴定体系，筛选和创制现代种业持续健康发展需求的优异资源，为我国种业原始创新、育种及其生物技术产业奠定物质基础，为我国粮食安全和生态安全的战略性资源提供保障。

国家作物种质资源数据中心针对我国粮食、棉油、果树、蔬菜、经济作物、热带作物、饲用作物、起源作物与乡土草种等种质资源的重大科研与产业需求开展重点任务观测监测工作，以作物种质资源有效保护和高效利用为核心，形成符合我国农业发展特色的种质资源观测鉴定体系，为满足适应气候变化、绿色生态形势下对农业育种的新需求，为我国现代种业发展提供有力支撑。

2. 国家土壤质量数据中心

国家土壤质量数据中心依托于中国农业科学院农业资源与农业区划研究所，旨在揭示我国不同生态类型区土壤质量及其要素的演变规律和驱动机制，适应我国农业集约化程度提高和种植结构调整的趋势，建立开放共享、完善系统的土壤质量长期监测体系和综合数据库，全面提升农业土壤质量联网研究能力，为农业生产和生态环境保护提供理论依据，为我国土壤的可持续利用和生态环境的宏观决策提供科学依据与技术支撑。

中心围绕我国对农田长期环境演变趋势及发展预警、对农田土壤健康发展和农产品安全的重大战略需求，针对粮田、菜田、果园、茶桑园、设施农田、草地、机械作业等 9 种不同土地利用方式下土壤质量存在的问题开展长期定位监测，通过监测数据整合、深度挖掘，加快破解我国化肥利用率低、复种指数高、中低产面积大，农业生产对土壤依赖程度高等方面的农业生产、生态难题进程。

3. 国家农业环境数据中心

国家农业环境数据中心依托中国农业科学院农业环境与可持续发展研究所，旨在通过监测农业主产区水、气、作物、投入品和污染物等农业环境及其相关要素，积累农业环境长期监测数据，建立综合数据库，为我国农业环境建设与保护以及粮食和食品安全保障提供基础数据，为农业环境领域科技进步与农业可持续发展提供科技支撑。

国家农业环境数据中心围绕我国农业水土资源短缺、开发过度、污染加重、气候变化、灾害频发等环境问题，针对粮食主产区耕作制度、环境因子、气候变化影响、农田水分与灌溉、化学投入品影响开展重点任务监测观测，通过监测观测规范体系不断优化、站点布局不断完善、监测数据不断积累，为我国农业环境建设与保护提供基础数据，为农业各学科提供农业环境方面的时间、空间动态监测数据，从而提供多学科交叉融合发展落脚点，推动我国农业科技原始创新发展。

4. 国家植物保护数据中心

国家植物保护数据中心依托于中国农业科学院植物保护研究所，旨在通过统一协调全国范围内有效植保资源，建立持久稳定农业有害生物监测网络，系统开展农业区和草原病害、虫害、杂草、鼠害和重要检疫性有害生物的种群、个体变化与耐药性和作物抗性变化的基础性长期性监测，获取基础性监测数据，建立植保监测数据综合数据库，为我国绿色植保防控决策提供科学依据。

中心的重点任务为：粮油作物、果树、蔬菜、经济作物的重要病虫种群个体变化与耐药性监测，主要热带作物病虫群体监测，重大检疫性有害生物、农作物迁飞性害虫、刺吸性害虫、地下害虫以及农田鼠的种群、个体变化及耐药性监测，个体农田杂草监测，作物流行性病菌变异与抗性监测，重要病虫对主要粮食作物主推品种致病力变化监测和草地病虫鼠毒害草种群与个体变化监测。

5. 国家畜禽养殖数据中心

国家畜禽养殖数据中心依托于中国农业科学院北京畜牧兽医研究所，旨在通过对我国主要畜禽品种资源群体和主导畜禽品种数据信息的观测监测工作，建立畜禽养殖数据监测网和综合数据库，开展监测数据挖掘分析，为制定畜牧业宏观决策和指导畜牧业可持续发展提供及时、全面、系统、可靠的科学依据。

国家畜禽养殖数据中心围绕我国主要畜禽品种资源群体和主导畜禽品种的育种群体，饲料原料成分、生物学效价、畜禽饲料转化效率和营养需求，畜牧业各畜禽品种生产结构变化情况，大中型畜禽养殖场主要污染物的产排路径、影响因素及迁移转化趋势，畜禽粪便养分、重金属、抗生素等的变化进行长期监测。

6. 国家动物疫病数据中心

国家动物疫病数据中心依托于中国农业科学院哈尔滨兽医研究所，旨在通过长期系统的动态观测和定位试验，获得真实、准确、完整、系统、持续的动物疫病基础数据，构建适合我国动物养殖及疫病流行趋势检测体系和综合数据库，为我国动物疫病防控技术研究提供基础支撑数据。

中心根据动物疫病基础性长期性监测任务内容，结合动物疫病流行规律及对养殖业危害程度，开展动物疫病的病原监测及抗体监测，建立起我国动物疫病监测的网络及技术体系，科学有效地预估、预测和预警动物疫病疫情，为我国畜禽健康养殖及公共卫生风险评估提供支撑数据。共开展动物重要疫病监测、动物流感病原变异监测、口蹄疫病原变异监测、人兽共患病病原变异监测、寄生虫病变异监测、细菌性病原和耐药性监测、重点防范的养殖动物外来病监测、动物屠宰和产品风险监测、重要畜禽营养代谢与中毒病监测、水产养殖重大及新发疫病流行病学监测等10项重点监测任务，全面覆盖了我国动物疫病的重大问题和重大风险点。

7. 国家农用微生物数据中心

国家农业微生物数据中心依托于中国农业科学院农业资源与农业区划研究所，旨在建立协调、高效的“网络型”农业微生物资源收集与鉴定评价工作体系和综合数据库，为农用微生物资源高效挖掘应用、高效实用技术研究以及农用微生物产业健康稳定发展提供科学数据支撑。

农用微生物资源收集与鉴定评价是农业农村部部署推进的10项农业基础性长期性科技工作之一，中心的主要任务包括肥效微生物资源、生防微生物资源、饲料/酶制剂微生物资源、环境、能源、转化微生物与基因资源、栽培用食用菌资源等方面监测的评价工作。

8. 国家渔业科学数据中心

国家渔业科学数据中心依托于中国水产科学研究院，重点开展水产种质资源、渔业生物资源、渔业生态环境、渔业生产等方面的长期定位监测工作，构建渔业科学综合数据库，为我国渔业科学研究和产业发展提供科学数据支撑。

中心面向我国渔业资源建设与保护，水产养殖与水域环境保护，水域生态污染与恢复等重大需求，开展长期性监测和基础性研究工作，分别开展了我国土著鱼种生物多样性评价、内陆流域濒危水生动物种群评价、水产外来种调查与生态安全评估监测等八项重点任务，对监测数据进行整理、分析、挖掘，为破解我国渔业资源、生产、环境难题提供有力的支持。

9. 国家天敌等昆虫资源数据中心

国家天敌等昆虫资源数据中心依托于中国农业科学院植物保护研究所，旨在对我国主要昆虫资源建立标准化监测调查方法和长期大范围定位监测，厘清我国主要昆虫资源的发生与分布、筛选出优质资源储备，为我国绿色农业、生态安全、粮食安全提供战略性资源保障。

应用天敌进行生物防治对环境与生态友好、对农产品安全，是化学农药的良好替代；而许多昆虫蛋白质含量高、营养丰富，食用或饲用有利于保障粮食安全。本中心针对我国农作物、特殊生境中的天敌昆虫及天敌螨类，以及新型蛋白质来源昆虫资源开展长期收集评价，以形成系统化、规模化的资源储备，以便在未来出现新变化、新需求时可及时提供长期数据供追溯、分析、决策。

10. 国家农产品质量安全数据中心

国家农产品质量安全数据中心依托于中国农业科学院农业质量标准与检测技术研究所，重点开展粮食、油料、蔬菜、果品、畜禽、奶产品、水产品、热作产品、特色产品及农业投入品的质量安全基础性长期性监测工作，构建农产品品质与质量安全基础性长期性综合数据库，为相关政府决策、行业标准制定、健康安全消费提供科学数据支撑。

中心针对我国粮食、油料、蔬菜、果品、畜禽、奶产品、水产品、热作产品、特色产品及农业投入品等品质与质量安全特征的研究开展长期观测监测工作，建立严密、高效的科学监测体系，开展基于大数据分析技术的农产品品质与质量安全特征分析方法的研究及应用，探索其规律性和动态变化趋势，推动鲜活农产品的品质与质量安全认证技术应用，为政府决策和行业应用提供基础性科学参考依据。

第二章　农业科学数据整编

第一节　农业科学数据的类型和格式

农业信息化是我国农业现代化的一个重要目标，农业科学数据的获取与使用无疑是农业信息化的一个重要环节。

一、农业科学数据的类型

数据既是研究的基础，也是研究的结果。农业科学数据涉及育种、播种、田间管理、收获、储运、加工、销售等多个环节，类型包括文本、图表、图片、动画、语音、视频、专家经验与知识、农业数据模型等；从数据来源上分为交互数据、观测型数据、试验型数据、仿真数据、派生或编译数据、引用或规范数据、传感器数据、系统数据等；从数据关系上分为结构化、半结构化、非结构化数据；从数据所有者分为科研数据、政务数据、企业数据等。农业科学数据类型多种多样，明确数据类型有利于高效管理数据、提高科研效率。

按照国务院《科学数据管理办法》，将资源划分为科学研究活动数据、基础研究、应用研究、试验活动的科学数据 4 类（科学技术，2020）。将 4 类数据参照国家统计局和杨立新（2016）等对原生数据和衍生数据的定义，从数据类型出发，对数据来源、数据载体进行对比分析（表 2-1）。数据来源机构主要是科研院所和高等院校、图书情报机构、政府管理部门和企业。数据载体主要有数据集、科学论文、专著、发明专利、新产品、新工艺、项目、报告、政策、规划、战略、获奖成果等（柴苗岭，2020）。

表 2-1　农业科学数据资源类型特征（柴苗岭，2020）

数据类型	定义	农业科学数据资源保存机构	成果载体
科学研究活动数据	包括原生数据和衍生数据。其中原生数据指不依赖于现有数据而产生的数据，观测监测、考察调查、检验检测数据。衍生数据指原生数据被记录、存储后，经过算法加工、计算、聚合而成的系统的、可读取、有使用价值的数据，可以产生知识产权的数据	科研机构、大学、中心、实验室、观测站等	数据集、数据库、期刊、专著、专利、报告等
研究数据	为了获得关于现象和可观察事实基本原理的新知识（揭示客观事物的本质、运动规律，获得新发现、新学说）而进行的试验性或理论性研究，它不以任何专门或特定的应用或使用为目的	科研机构、大学、中心、实验室、观测站、图书情报机构	数据集、数据库、地图、期刊、专著、会议、报告、专利、项目等
应用数据	为获得新知识而进行的创造性研究，主要针对某一特定的目的或目标	农业管理机构、农业图书情报机构	期刊、专著、专利、项目、获奖成果、计划、规划、战略等
试验数据	利用从基础研究、应用研究和实际经验所获得的现有知识，为产生新的产品、材料和装置，建立新的工艺、系统和服务，以及从现有的改进中从事系统性工作	农业管理机构、科研机构、大学、企业	数据集、数据库、专利、期刊、会议、报告、项目等

二、农业科学数据的格式

所有的数字化数据都以一个特定的文件格式存在，该文件格式可以对信息进行编码，以便软件程序读取并编译这些数据。数据格式及产生研究数据软件的选择，通常依赖于研究人员如何收集和分析数据，以及使用的硬件或软件可获得性。这些格式和软件的选择也取决于学科专有的标准和习惯。例如，图像、音频和视频数据格式取决于所使用相机或录音设备的类型。采集的数据只可能会被降级处理或压缩尺寸，但无法对已经采集的数据进行升级。因此在数据采集规划时就应该考虑好数据的用途，选择获取哪种格式最合适；数值型数据通常存储在数据表格或数据库中，在这种数据库中安装变量或可度量的指标来标明数据记录或案例的位置。社会科学调查的标准文档格式往往是 SPSS，因为 SPSS 具有统计分析功能。而在生态研究中心，CSV 或 Excel 则被更广泛地使用，成为许多分析程序包的标准输入格式；定性研究数据，如访谈，最开始会用 WAV 或 MP3 格式以音频录音的形式收集，然后转录成文本，再将文本导入计算机辅助定性数据分析软件的数据库中，经常使用 NVivo 等软件来进行分析。

文件格式可以是专有的，也可以是开放的。专有格式通常与特定的软件程序联系在一起，由商业公司开放，拥有独立的知识产权，需要得到授权和许可才能使用。开放文件格式的示例有 PDF/A、CSV、TIFF、开放文件格式（ODF）、ASCII 码、TAB 制表符分隔的表格和 XML。文件格式可以是有损的或无损的。有损的格式通过清除那些判定为不重要的详细信息文件来节省空间。例如，有损的 JEPG 格式文件会清除图片的详细信息，对比起来，无损的 TIFF 格式文件就会保留所有的详细信息。当然，在一个无损格式的文件中进行重复的编辑和保存操作会导致大量的信息丢失。在科学研究中，研究人员会结合研究计划来进行数据格式和软件的选择。

从柴苗岭（2020）等调研情况来看，农业科学数据形式以文本、数值、图像、视频、语音为主，常见的数据和数据集格式参见表 2-2 列举的数据形式和格式。

表 2-2　重要农业科学数据资源组织方法、学科范围、数据形式及格式

资源名称	机构类型	学科范围	数据载体	数据形式	数据格式
国家（中国）农业科学数据中心	科研机构	作物科学、动物科学与动物医学、热作科学、渔业科学、草地与草业科学、农业资源与环境科学、植物保护科学、农业微生物科学、食品营养与加工科学、农业工程、农业经济科学、农业科技基础	数据集、数据库	文本、数值、图像、视频、语音等	csv、xlsx、xls、zip 等
中国科学院科学数据云	科研机构	农业、土壤、水利、水土保持	数据集、数据库	数值、文本、图像、视频等	tiff、xml、jpg、rpb、txt、docx 等
美国农业数据共享［Ag Data Commons（2020）］	政府机构	农业经济学、生物能源、动物与牲畜、食物与营养、基因组学与遗传学、农业生态系统与环境、植物与农作物、农产品	数据集、数据库	文本、图像、数值等	html、csv、pdf、xls、txt、bin、tar、zip、docx、png、gz、jpg、pptx、api、geo-tiff、xml、accdb、ascii、tgz 等

（续表）

资源名称	机构类型	学科范围	数据载体	数据形式	数据格式
加拿大农业图书馆	图书情报机构	农业与食品科学：农业经济学、农学、作物科学、畜牧学、植物病理学、植物学、真菌学、食品科学技术、农业病虫害、昆虫学、乳业科学、土壤科学、兽医学	书籍、政府文件、会议录、地图、期刊论文、杂志文章、网络资源、同行评审、报纸、微缩胶卷、音视频记录等	文本、音频、图像等	
英国发现开发数据（Find Open Data）	政府机构	农业主题设置在环境主题下，主要包括的学科有化学品、气候变化和能源、商业捕鱼、渔业和船舶、能源基础设施、环境许可证、粮食和农业、海洋、污染和环境质量、河流维护、洪水和海岸侵蚀、农业和农村、废物和再循环、水工业；野生动物、动物、生物多样性和生态系统	数据集、数据库	文本、数值、图像、视频、语音等	csv、geojson、html、kml、xml、wfs、wms、zip 等
新西兰政府开放数据网站—农林渔（2020）	政府机构	农业、林业、渔业	数据集、数据库	文本、数值、图像、视频、语音等	html、tiff、csv、kml、pdf、dwg、shp、FileGDB、GPKG、MapInfo File 等
Gramene 比较植物基因组资源	科研机构	该项目具有用于植物、真菌、无脊椎动物后生动物、细菌和原生生物基因组的特定 Web 门户。旨在提高分类学参考点，给出可以理解基因的进化背景，以及涵盖所有主要的非脊椎动物实验生物体、农业重要物种、病原体和载体	物种全基因组、野生水稻的部分基因组序列、基因的遗传和物理图谱、表达序列标签位点和数量性状位点、表型特征和编译的描述等	数值、图像	bed、csv、tsv、gtf、gff、gff3、fasta、rtf 等
世界土壤信息中心	科研机构	土壤及相关的气候、地质、地貌、植被、土地利用和土地适宜性等地理信息	文献、国家报告、书籍和地图	文本、图像	pdf、xml 等

（续表）

资源名称	机构类型	学科范围	数据载体	数据形式	数据格式
联合国粮食及农业组织 AGRIS	政府机构	涵盖农业、林业、渔业、食品等领域的相关分类，包含 37 000多个概念和750 000多个术语，覆盖38个语种	提供粮食及农业领域的参考书、期刊、专著、图书、数据和灰色文献（即未发表的科学和技术报告、论文、学位论文和会议论文）	文本、图像、数值	xml、txt、pdf、zip、csv 等

在完成数据分析工作后，准备将数据进行长期保存的时候，就需要考虑格式转换工作。建议使用标准的、可互相兼容的或开放的、无损的数据格式。因此，研究人员在存储数据以确保长期访问时，应充分考虑硬件和软件的存储设施，选择恰当的数据格式。如文本文件应选择 ODF 格式而不是 Word 格式，表格文件应选择 ASCII 格式而不是 Excel 格式，视频文件应选择 MPEG-4 格式而不是 Quicktime 格式，图片文件应选择 TIFF 或 JPEG2000 格式而不是 GIF 或 JPG 格式，网页应选择 XML 或 PDF 格式而不是 RDBMS 格式。总之规范并支持格式转换或互操作的数据格式应具备以下特点：非私有的；开放的文档标准；被科研群体普遍使用的数据格式；计算机可读的标准化格式，如 ASCII、Unicode；非加密的；非压缩的（胡卉，2016）。

数据中心和数据档案馆通常会使用开放的、标准的格式来长期保存数据。表 2-3 为英国数据档案馆 2021 年推荐的可以长期保存的文档格式，该表包含有关英国数据服务为共享、重用和保存数据而推荐和接受的文件格式的指南。

表 2-3　推荐的文档格式示例

资料类型	推荐格式	可接受的格式
具有大量元数据的表格数据	SPSS 可移植格式（. por）	统计软件包的专有格式：SPSS（. sav），Stata（. dta），MSAccess（. mdb/. accdb）
变量标签，代码标签和定义的缺失值	分隔的文本和命令（“设置”）文件（SPSS，Stata，SAS 等） 元数据信息的结构化文本或标记文件，例如 DDIXML 文件	

（续表）

资料类型	推荐格式	可接受的格式
具有最少元数据的表格数据 列标题，变量名	逗号分隔值（.csv） 制表符分隔的文件（.tab） 用SQL数据定义语句分隔的文本	带分隔符的文本（.txt），其中的字符不用作分隔符 广泛使用的格式：MSExcel（.xls/.xlsx），MSAccess（.mdb/.accdb），dBase（.dbf），OpenDocument电子表格（.ods）
地理空间数据 矢量和栅格数据	ESRIShapefile（.shp，.shx，.dbf，.prj，.sbx，.sbn可选） 地理参考TIFF（.tif，.tfw） CAD数据（.dwg） 表格GIS属性数据 地理标记语言（.gml）	ESRI地理数据库格式（.mdb） 矢量数据的MapInfo交换格式（.mif） 锁孔标记语言（.kml） AdobeIllustrator（.ai），CAD数据（.dxf或.svg） GIS和CAD软件包的二进制格式
文字数据	富文本格式（.rtf） 纯文本，ASCII（.txt） 根据适当的文档类型定义（DTD）或架构的可扩展标记语言（.xml）文本	超文本标记语言（.html） 广泛使用的格式：MSWord（.doc/.docx） 一些特定于软件的格式：NUD* IST，NVivo和ATLAS.ti
影像数据	TIFF6.0未压缩（.tif）	JPEG（.jpeg，.jpg，.jp2）（如果原始格式是这种格式）、GIF（.gif）、TIFF其他版本（.tif，.tiff） RAW图像格式（.raw）、Photoshop文件（.psd） BMP（.bmp）、PNG（.png）、Adobe可移植文档格式（PDF/A，PDF）（.pdf）
音频数据	免费无损音频编解码器（FLAC）（.flac）	MPEG-1音频第3层（.mp3）（如果原始格式是这种格式）、音频交换文件格式（.aif）、波形音频格式（.wav）
视频数据	MPEG-4（.mp4） OGG视频（.ogv，.ogg） 动态JPEG2000（.mj2）	AVCHD视频（.avchd）
文档和脚本	富文本格式（.rtf） PDF/UA，PDF/A或PDF（.pdf） XHTML或HTML（.xhtml，.htm） OpenDocument文字（.odt）	纯文本（.txt） 广泛使用的格式：MSWord（.doc/.docx），MSExcel（.xls/.xlsx） 根据适当的DTD或模式（例如XHMTL1.0）的XML标记文本（.xml）

来源：UKDataArchive，2021。

第二节　农业科学数据整编的基本要求

国家科技计划项目是科学数据的重要来源（孙九林，2008）。随着国家逐步加大对科技计划的投入，支持了大批科技计划项目，采集、获取和积累了大量数据资料。及时汇交、整编与共享这些数据资料，将为我国科技创新、战略决策和社会经济发展奠定重要基础，从而实现国家科技投入的增值。因而，数据汇交及整编工作越来越受到科技计划项目管理机构和科学家们的重视（王卷乐，2013）。

一、规范化整编方法

数据资料汇交仅仅将科技基础性工作产生的原始数据进行了标准化的集中保存，尚无法进行挖掘分析。为了最大限度地挖掘数据资料的潜在价值，必须对其开展规范化整编。数据资料的规范化整编是对数据资料进行标准化、系统化的跨项目重组整合的过程，总体上包括：原始数据资料收集、原始数据资料分析、整编方案确定、数据整编、数据建库、整编质量控制、数据质量评价和整编文档编制 8 个步骤（诸云强等，2017）。

1. 原始数据资料收集

通过数据汇交等手段，收集科技基础性工作专项项目各类数据资料。原始数据资料包括数据实体、元数据、数据说明文档等。

2. 原始数据资料分析

按领域对原始数据资料的要素及属性、时空范围、数据基准、数据生产及处理、计算方法与标准、数值单位等内容进行重点分析。

3. 数据整编方案确定

根据数据分析结果，以“领域—要素—属性”为主线，确定数据整编方案。重点确定领域数据要素对象、要素属性全集，统一属性项语义标准（如社会经济数据的统计口径等）、值域范围及数值单位。如果是空间数据还需要确定统一的数学基准（坐标系、投影方式与高程系等），在此基础上形成领域数据资料整编方案。

4. 数据整编

根据数据整编方案，按照统一的技术标准，分领域和要素，对各项目对应的要素数据进行质量审核、转换处理（格式、单位、尺度、空间基准等）。对不同地点、时间的相同要素的数据资料进行抽取、合并与集成等操作。

5. 数据建库

数据整编完成后，按照统一的技术标准，借助相关软件工具，实施数据的批量入库。

6. 质量控制

在整编过程中，对数据整编和建库等步骤进行严格的质量控制。

7. 质量审核

数据建库完成后，对数据整编质量进行审核。

8. 整编文档编写

编写整编后数据集的元数据、数据说明文档以及建库后的数据字典说明等。

二、规范化整编实现步骤

科技基础性工作数据资料规范化整编以“领域概念—要素对象—属性内容”为主线，将不同的资源类型（科学数据、图集、志书/典籍、标本资源、计量基准/标准规范、文献资料）按照统一的技术标准进行数据转换处理，打破项目边界，将多源、不同空间时间、相同要素的数据进行整编集成。

（1）科学数据整编按照“领域概念—要素对象—属性内容”的思路，在充分分析学科要素对象本质特征以及对应基础性工作专项汇交数据资料的基础上，设计要素全集属性项，并在此基础上设计标准化数据库/表结构。标准化数据表结构必须包含：数据记录唯一编码、数据要素名称、数据所属的项目编码、对应的元数据、数据属性值等。基于标准化的要素表结构，实现跨项目不同时间、不同地点、相同要素的科学数据的整编。科学数据包括非空间数据和空间数据两大类，分别按照不同的方法进行整编。非空间数据整编的主要步骤：第一，按要素整理分析项目数据文件；第二，根据标准化数据表结构，将项目数据录入或批量导入到对应的要素数据表中；第三，项目数据导入标准化数据表后，进行重复、冲突数据记录的检查处理等；第四，以数据表为单位填写非空间数据字典更新信息。空间数据统一采用 WGS 84 地理坐标系，利用 File Geodatabase（文件地理数据库），按领域—要素进行整编建库。整编完成后，填写空间数据索引表。

（2）图集、志书/典籍、计量基标准、标准规范和文献资料五类数据资料的整编方法类似，即首先对数据资料按领域分学科（计量基准和计量标准）进行整理，然后将不同项目的数据资料进行合并，完成数据库的建设（每个图集、志书/典籍、计量基标准、标准规范和文献资料均单独作为一条记录），最后填写数据库字典更新信息。

（3）自然科技资源整编的主要步骤。第一，直接利用汇交时提交的植物种质资源、动物种质资源、微生物菌种资源、人类遗传资源、生物标本资源、岩矿化石资源、实验材料资源和标准物质八大类自然科技资源规范化描述表数据。第二，增加“标本资源唯一编号”“对应的元数据编号”“所属项目编号”3 个字段。第三，将不同项目的自然科技资源分类合并到对应的规范化描述表中。第四，最后填写科技资源数据库字典更新信息。

第三节　科技项目数据质量控制

科研数据已成为了至关重要的战略资源之一，而科研数据的质量控制也就成了科研人员根据科研数据进行深入研究的关键所在。

随着第四科研范式环境即数据密集型科研环境的形成，科研数据量成指数型迅猛增长，数据表现形式多样，对于科研人员来说，其所需存储、处理的数据量惊人，数据来源和数据结构繁多复杂，为推动科研项目的进程带来了很大的阻碍（唐晶，2020）。且科研项目中充斥的数据资源来源复杂、存储结构多样，各个科研项目团队的数据共享技术兼容性差、数据管理意识不足，导致科研数据质量低下、利用率不高。

2018 年 4 月《科学数据管理办法》（国办发〔2018〕17 号）颁布，其中明确提出：“法人单位及科学数据生产者要按照相关标准规范组织开展科学数据采集生产和加工整理，形成便于使用的数据库或数据集。法人单位应建立科学数据质量控制体系，保证数据的准确性和可用性。”科学数据质量已经上升为国家层面的战略要求。

一、数据质量控制基本要求

张静蓓（2016）等通过对比国外3个通用数据知识库（Dryad、Dataverse、Figshare）和3个学科数据知识库［政治和社会科学科研数据知识库（ICPSR）、社会科研数据存档（SSDA）、耶鲁大学ISPSDataArchive］，对6个数据库的质量控制实践进行分析和综合后，认为当前数据质量控制主要涉及4方面的内容。

1. 对数据文件整体的评审

即要求文件必须要被明确的定义，使其能够作为一个长期访问的对象。具体包括分配永久标识符、创建引用格式、构建研究级别的元数据、记录文件格式及大小、建立校验机制以及审核该文件的完整性，并在此基础上，依据差别化的使用目的，形成一整套完整的文件迁移策略和监护流程并长期保存。

2. 对数据文档说明的评审

数据的文档说明应尽可能的详细和全面，以便使相关研究人员快速地了解这些数据是如何生成和收集的。一般来说，文档说明包括数据的搜集方法、抽样样本以及与之相关的出版方、注册方甚至是基金信息等。此外，在某些特殊情况下，还应创建符合学术社群标准的DDIXML等格式的文档。

3. 对科研数据本身的评审

科研数据本身的质量控制是数据质量控制的核心和关键，应根据实际情况，对科研数据本身进行自动的或人工的审核和补充，提高该数据的可靠性。这方面代表性的例子如英国国家档案馆（UKDA）所规定的：数据提交后，进行数据的完整性核查，审核变量值，验证随机样本、均值方差、值域以及在转录过程中进行群集检测和异常值检测等。此外UKDA还规定，如果数据集含有敏感或隐私信息，也要事先进行保密处理。

4. 对源代码的核检

通常包括对部分或全部源代码的执行，并根据研究目的做出必要性的评估，增强再利用的效率。

根据上述6个数据知识库的质量控制实践，总结数据质量控制所涉及的内容，如表2-4所示。

表 2-4 数据知识库数据质量控制内容

质量控制内容	具体内容
文件整体的质量控制	分配唯一标识符 创建研究基本的元数据和引用格式 记录文件大小和格式，进行校验 检查文件的完整性（数据、文档以及源代码等） 创建非专有的文件格式并进行长期保存
文档说明的质量控制	检查数据描述信息的完整性（是否包含研究方法和抽样信息等） 链接到出版物、基金等信息
科研数据本身的质量控制	检查非法变量、值以及超出范围的代码 规范缺省值，检查数据一致性 在适当情况下，检查并编辑变量和值标签 检查数据敏感性问题，针对敏感值重新编码 生成多种数据格式进行传播
源代码的质量控制	对全部或部分源代码进行检查

二、数据质量控制在科学研究中的不同阶段

除上述数据知识库的数据监护人员对数据质量起到一定的把控外，数据的质量控制也贯穿科学研究的不同阶段——包括数据收集、数据输入、数字化及数据校验阶段。在研究的各个阶段应该分配明确的角色和职责以确保数据质量，并且在数据采集开始前就规划程序步骤是非常重要的。

1. 数据收集

在数据收集期间，研究人员必须保证数据记录能够反映真实发生的情况。数据收集方法的质量极大地影响着数据的质量，详细记录数据是如何收集的可以为数据质量评估提供证据。

数据收集期间的质量控制手段可能包括：仪器的校准以便检查精准度、误差和（或）测量的规模；使用多种测量、观察或抽样方法；请专家检查记录的真实性；使用标准化的方法和协议来捕捉观察数据，并伴随着带有清晰指示的记录；使用计算机辅助的访谈软件，以便为访谈进行标准化处理。

2. 数据输入和数据抓取

当数据进入数据库或数据表格且被编码、数字化或转录之后，宜使用标准化的、连贯的和带有清晰指示的步骤，以便用来保障数据质量并避免错误的出现。例如：在数据输入软件时设置验证规则或内置隐藏项，如输入日期的时候

提示格式；使用数据输入屏幕，如一个模仿问卷形式的 Access 表，或者一个 SPSS 数据输入表；变量值要从受控词汇、代码列表和选项列表中选择，以便减少手动输入数据操作。记录信息采纳国际公认的惯例，如 ISO8601，是广受推荐的一个记录日期和时间表现的格式；要有详细的变量标签和记录名称，以避免混乱；设计一个专用数据库结构来组织数据和数据文件。

3. 数据校验

在数据校验期间，要对数据进行编辑、清理、校验、交叉校验和确认。典型的校验既包含自动化过程也包含手动操作过程。例如：重复检查观察或回答的代码，以及超出范围的值；检查数据完整性；与原始数据对比，随机抽样验证数据化数据；双重数据输入；统计分析，如频率、均值、范围或聚类，以检测错误和异常值；校对转录；同行评议。

数据质量控制对抽样检查数据值的准确性进行二次数据录入，对比检查数据是否有误，分组排序，查找离散值和缺失值、统计计算极端值和异常值。还可以使用 OpenRefine 等数据清洗工具。在数据管理计划中还应包含数据集的质量控制说明，包括使用的刻度标准、样本二次采集和测量、数据采集标准、数据准入标准、数据验证和使用的受控词汇表等。

三、元数据的质量控制

元数据的质量问题也是影响整个数据质量的主要因素之一。具体来说，在研究人员提交数据创建元数据时，会出现诸如自动捕捉不准确、前后不一致、编码错误、版本混乱等问题。针对元数据不准确的问题，最重要的就是培养科研人员的数据素养和数据管理工具的使用意识。这方面已有不少研究，如 Goodman. A（2014）指出，在科学试验进行过程中，就应该考虑元数据的生成，并在产生数据的每个阶段给予差异化的元数据信息；Tyler. W 也建议在项目一开始就要针对性地考虑到科研数据的元数据，并且这些元数据可以支持作者协作创建、分享、贴标签、引用、主题讨论等。但数据素养的培养并非一朝一夕，当务之急应该是数据管理工具的使用，实现这类工具与科研数据管理的无缝整合，形成一种完整的虚拟研究环境。目前已有一些通用性的虚拟研究环境，其可以存储数据、创建元数据、建立工作流机制，以方便科研数据的重用和增值。如在心理学领域常用的开放科学框架（Open Science Framework，2015），其具备研究网络、版本控制和协作软件等。再如数据存储和发布平台 Zenodo（2015）可以直接从 Dropbox 下载数据并进行协作分享等。Figshare

（2015）的最新版本也提供了隐私和敏感信息的存储管理功能。

除了上述研究人员自身对数据进行质量把控外，相关的学术社群仍可以在数据出版后继续进行评审，如数据质量的众包评审等。这方面现在也有一些服务性的工具，如 RunMyCod 提供了存储数据片段验证和下载；Research Compendia 允许科研人员共享和查看与论文相关的数据集和源代码。以上提到的这些工具都可以促进数据质量的控制工作（张静蓓等，2016）。

四、农业科学数据汇交质量控制

农业科学数据汇交的质量控制主要涵盖规范性、完整性、一致性、数据质量和数据说明文档 5 个方面（白燕等，2020）。

1. 规范性

汇交数据实体组织要规范，项目承担单位应将数据实体按照规范化文件组织目录进行整理。同时按照数据实体汇交规范的要求，科学数据/图集类资源需要编写数据集/图集说明文档，标准规范类资源需要编写标准规范编制说明。其中，数据集/图集说明文档包括数据集/图集内容特征、学科/行业范围、精度、存储管理、质量控制、共享使用方法、知识产权说明和其他（文档编制信息）8 个部分的内容；标准规范编制说明则包括工作简况、主要起草过程、标准制修订原则和依据及其与现行法律法规标准的关系、主要条款的说明、重大意见分歧的处理依据和结果、采标程度及国内外同类标准水平的对比情况等 6 个部分的内容。数据说明文档编制格式不可随意删减与更改。

2. 完整性

数据实体及其支撑数据的完整性。汇交的数据实体文件必须可正确读写而且可用，如时间序列数据应提交完整年份的数据实体；图集须汇交相应的图集绘制支撑数据；标本资源实物不汇交，但须汇交相应的标本照片。除科学数据、图集和标准规范外，其他资源类型的数据实体均无需编写相应数据说明文档，如标本资源、标准物质、考察/调研报告等。

3. 一致性

汇交的数据实体内容与汇交方案中相应的描述信息一致，包括空间位置信息、字段属性信息、时间范围信息、空间参考及比例尺（分辨率）信息、数据量大小（记录数）信息等。汇交的数据实体内容与元数据中相应的描述信息一致，包括数据摘要描述信息、知识产权说明信息、共享方式等。汇交的数据实体内容与数据说明文档中相应描述信息一致，包括数据内容特征信息、精度信息、质量控制信息等。

4. 数据质量

汇交的数据实体除属性字段须与汇交方案、元数据及数据说明文档中的字段描述信息保持一致外，不应存在大量空值或异常值，如经纬度填反、经纬度与海拔值超出研究区域范围或正常值、同一字段因表格下拉导致的异常值、自治区等行政区划名称不符合规范等。特别是科技基础性工作专项项目产出成果涵盖的八大类标本资源，即植物种质资源、动物种质资源、微生物菌种资源、人类遗传资源、生物标本资源、岩矿化石资源、实验材料资源和标准物质，须按照相应的资源描述规范表进行组织汇交。为确保数据的质量，汇交的数据应是项目产出的最终成果，而非过程版本或阶段性成果。

5. 数据说明文档

数据说明文档是数据资源元数据的扩展和补充，是用户详细了解和正确使用数据资源、保护数据资源生产者知识产权等的重要技术文档，是科学数据汇交的重要组成部分。在详细反映数据的内容属性及特征等信息方面：数据的要素项需规范、完整填写，数据的类型格式信息应完整、准确。在准确描述数据采集和生产过程方面：数据源、产生方式、加工处理方法等信息需详细、准确。在保护数据产权方面：应明确数据的共享方式和数据产权及引用方式。

第四节　科学数据组织的规范化

数据是信息的基础，是决策的依据。在快速多变、竞争激烈的今天，如何高效、可靠、安全地对数据进行存储、操纵、管理和检索并进而从中获取有价值的信息，已成为当今计算机技术研究和应用的重要课题。为实现数据组的规范化，可以根据科学数据的类型，将科学数据存储于不同的数据库中，目前，数据库系统分为两大类：RDBMS（关系型数据库）与 NoSQL（非关系型数据库）。关系型数据库自 20 世纪 80 年代初期就被提出并得到应用，至今广泛应用于社会多个领域方面，它是基于关系模型来存储数据的数据库。非关系型数据库在 21 世纪初期就被提出来，凭借其自身的特点优势得到了非常迅速的发展。

一、关系型数据库的规范化

关系型数据库通常将数据存储在二维表中，高度结构化，对数据的规范性要求高。关系型数据库能够很好地管理和存储结构化数据，使用简单、功能强大。数据库逻辑设计约束的规范化主要分以下 5 类约束。

1. 主键约束

其目的是为了使实体中形成的完整性得以实现，包括分布在唯一标识表内部的各实体。通常而言，各数据表都应该对主键进行设置，并且一个数据表只能够设置单个主键，所设置的这一主键可以选择某一字段，也能够选择多字段相互组合而形成的复合字段，也称之为复合主键。对表中的字段进行选择，使其成为主键的关键点在于这一字段是否能够对表中各实体进行唯一标识。

2. 外键约束

对数据表本身的参照完整性进行实现，能够对各数据表之间形成的联系进行体现，这是使各数据表之间出现的数据能够保持一致性的主要方法。例如，对 b 表中出现的主键字段进行引用，并将其当做 a 表中的某一字段，这种情况下，上表中的这一字段就是它的外键，这就使 a 表和 b 表之间外键约束的这种关系得以形成和实现，在 a 表之中这一字段的值应该对 b 表中的与这一字段相互对应的 NULL 值或是有效值，若对应的是 NULL 值，则其前提条件是 a 表之中的这一字段必须允许 NULL 值的出现和存在。

3. 检查约束

主要用于特定数据表之中的某一字段或者是多个字段能够接受的格式或者数据值。例如，在某一特定数据表之中，对“性别”这一字段进行检查约束的设置时，使这一字段的值仅仅能够接受“男”或者是“女”，当其他值进行输入时，则显示无效。当对字段“邮政编码”进行检查约束的设置时，所接受的数字位数只能是六位数。

4. 唯一约束

对于出现在数据表之后总的某一非主键类型的字段，若要保证其输入的值不重复，这时对这一字段的设置便需要进行唯一约束。例如，若要保证数据表中的“用户名”这一字段不出现重复值，在这一字段中对唯一约束进行设置便可。

5. 默认值约束

主要是在数据表之中，对某一个字段的值进行单个定义，当相应的输入值不存在时，则将此单个定义的字段值使用系统中默认自动提供的字段值进行代替。

二、非关系型数据库的规范化

非关系型数据库突破了关系型数据库严格的表结构，解决了关系型数据库模型简单、不易表达复杂嵌套数据结构的问题，存储的数据对象包括非结构化数据、半结构化数据和结构化数据。视处理数据对象而言，目前非关系型数据库主要有键值存储、列存储、文档型和图形四大类。

1. 非关系型数据库字段

非关系型数据库应能创建不同类型的字段，存储任意格式的科学数据，并能根据用途和需求变化对字段进行增加、删除和修改。数据库字段类型应包括字符串、数值、日期、时间、文本、二进制等。

2. 非关系型数据库存储

非关系型数据库的存储对象包括内容数据等非结构化数据、XML 文件等半结构化数据以及元数据等。数据库存储方式包括：将内容数据和元数据全部装入数据库，按照与元数据的匹配关联关系，内容数据存储在非关系数据库的二进制字段中；将元数据装入数据库，将内容数据映射到数据库，同一数据库可存储多种格式的内容数据，不同记录（行）的内容数据格式可不同；同一条记录可存储一个或多个内容数据，同一条记录（行）中多个内容数据的格式可不同。

非关系型数据库可存储在磁盘、固态硬盘、光盘等存储介质上，并可在不同的存储介质之间转移。在存储数据的过程中，应显示数据进度和存储完成的信息、存储过程中出现的问题或错误的信息。

非关系型数据库应保存在安全的存储系统中和存储介质上，防止被非授权改动数据库存储位置的设置，并保障数据不被非授权修改、访问、删除、复制和破坏，对授权修改、访问、删除和复制要做审计跟踪。

3. 导入方法

数据可借助录入表单在线录入也可以通过批量导入的形式，通过导入程序将内容数据和元数据批量导入。在录入和导入数据时可通过校验对数据的质量进行控制，如对导入的数据字段类型和文件格式进行设置，并在导入文档型数据库时按照设置自动进行检查，对不合格的字段类型和文件格式显示提示信息。同时记录导入的数量、时间、载体、处理人员、格式转换等处理过程相关信息。自动监测和过滤错误数据，进行数据完整性校验，日志文件自动记录产生的错误，对错误显示提示信息，确保能够跟踪、审计、检索、统计分析。

4. 数据导出

导出对象包括内容数据等非结构化数据、XML 文件等半结构化数据以及元数据等。为确保导出数据的质量，需对导出文档型数据库的数据文件格式进行设置，并在导出数据库时按照设置自动进行检查，对不合格的文件格式显示提示信息。记录档案数据导出数据库的数量、时间、载体、处理人员、格式转换等处理过程相关信息。自动监测和过滤错误数据，建立数据导出的检验机制，日志文件自动记录档案数据导出文档型数据库产生的错误，对错误显示提示信息。设置记录过程日志，确保能够跟踪、审计、检索、统计分析。

5. 数据库的备份、还原与恢复

文档型数据库备份的内容应包括数据库数据、数据库结构和数据库定义文件。应按照数据库结构（字段）备份数据库数据。根据存储介质的大小选择整体备份还是拆分备份，拆分备份时需保留原有的访问控制策略，并保证原数据库的完整性。对数据库中新增的档案数据进行增量备份时，对被修改的档案数据进行差异备份。自动备份通过软件的控制方式将数据库数据、数据库结构和数据库定义文件有规律地进行备份。

正常情况下数据库的恢复可以使用备份数据库整体覆盖数据库数据，在异常情况下，用备份数据库数据、数据库结构、数据库定义文件和日志文件进行恢复，并进行数据完整性校验，以确保数据的完整性。

6. 非关系型数据库管理与数据管理

（1）非关系型数据库管理。

包括：数据库结构的定义、设计、复制、导入、导出；数据库的新建、删除、修改；数据库字段的新建、删除、修改、排序；数据库管理权限的新建、删除、转移；数据库管理员授权用户访问数据库。数据库授权访问包括但不限于授权用户访问全部数据库或部分数据库、授权用户访问数据库的全部字段或部分字段、授权用户访问包含特定内容的记录或不包含特定内容的记录；数据库存储位置的设置；数据库存储介质的选择；数据库的备份、复制、转移存储、迁移、还原与恢复。

(2) 数据管理。

数据管理包括数据导入和导出数据库、数据库拆分与数据库合并，数据库记录的增加、删除、修改，数据库数据的恢复、还原及内容覆盖的检测提醒。

(3) 用户管理。

用户管理包括：用户的新增、修改、删除、激活、锁定等；用户信息管理和维护；用户的分组、分类与权限控制和管理；记录用户访问数据库的时间、次数、访问数据库的名称、数据的内容、用户登录的IP地址等。

(4) 日志管理。

日志管理包括分类、存储、备份、检索、查询和管理日志信息。

基于非关系型数据库的数据存储与基于关系型数据库的数据存储和管理可形成互补。非关系型数据库是内容数据的存储方法之一，元数据的存储可采用文档型数据库和关系型数据库，日志等的存储和管理宜采用关系型数据库，在实际工作中，可建立由关系型数据库和非关系型数据库组成的数据库系统（国家档案局，2020）。

三、数据库命名的规范化

在对数据库逻辑结构进行设计的过程中，无论是为数据表之中的某一字段进行命名，还是为数据库之中的某一对象进行命名，都应该遵循相应的命名规则，从而保证其规范化。在项目之中，对数据库字段或是对象的命名规范化过程中，需要遵循以下原则。

1. 使用共性规则

对数据库对象命名所采用的规则应该是此类行业中被广泛认可的共性规则，并不建议应用与这一规则相悖逆的规则而自成的相关体系，不应该特立独行。若命名的过程中需要以字母进行命名时，应该使用较为容易看懂的常用英文单词或者是有英文单词组合而成的短语，而不应该应用一些不常使用的、难以理解的英文单词或是短语，同时，也不应该使用汉语拼音来对其命名。

2. 使用通用风格

在进行命名的过程中，应该保证遵循共性规则，这是最基本的前提条件，当然，在进行命名的过程中，可以通过已有的命名风格来进行命名，但是若要采取这种命名方法，应该使同一个项目之中所采取的命名风格保持相应的一致性，而不应该出现需要命名的对象采取的命名风格存在差异。若在命名风格方面出现差异，则在整体上会给人一种杂乱感，显得没有规律性，使命名的规范化程度降低，从而不利于满足命名的规范化。

3. 缩写方式清晰

在使用单词或是缩写单词时，应该保证这些单词以及缩写单词能够被使用者顾名思义，使单词或者缩写单词的显性含义得以明显化。也就是说，再对单词以及缩写单词进行应用时，应该保证单词及缩写单词的含义清晰、明确，让人一看便懂，在进行缩写的过程中，应该使其含义的被理解程度偏重于大众化，并且缩写的形式不会出现任何歧义，所采取的缩写方式最好是经常见到的缩写方式。例如，在对数量英文单词“Quantity”进行缩写时，应该使用“Qty”进行代表缩写，而不要使用“Qua”“Qat”等重复可能性较多的缩写词进行代表缩写。除此之外，对于英文缩写而言，还应该有相应的注释对缩写进行说明。

4. 首字符为英文，不使用全数字

命名的过程中，不要使用一些特殊性的符号或是全数字，并且更不应该对数字和符号混合使用来进行命名。例如，命名时不应使用特殊符号“?”“￥”“%”等；命名时不应使用全数字“12”“5”“789”等；命名时更不应对数字和符号混合使用，如“71#”“9&”等。命名的过程中，必须保证名称的首字符为英文字母。

5. 避免使用关键字

在命名的过程中，不应该对数据库系统之中出现的关键字来进行使用命名。例如，英文单词“join”“table”以及“create”等，这些词汇在数据库系统中较为容易出现，并且在数据库系统之中还具有某些特殊的含义。

6. 避免使用空格

在命名的过程中，应该避免使用空格来进行命名，在使用短语进行命名时，单词之间也不应该存有空格。

综上所述，数据库逻辑设计要求一般较为严格，尤其特定的规范，若在设计之中出现不符合相应规范的情况，那么将会导致数据库逻辑设计出现错乱，失去其应用的效果，因此，在对数据库逻辑设计过程中应注重设计的规范性，从而使数据库能够更好地被应用。

第五节　科技项目科学数据管理系统

完善的科技项目数据平台具有“感官”的功能，可以为科技项目的管理工作给予相应的数据支撑，同时将实时的动态信息提供给相关管理人员。大数据时代的背景下，数据平台能够推动科技项目管理工作的不断发展，有效实现数据的应用，大部分科研单位对数据的处理都需要通过数据平台进行转化及分析。在以往的科技项目管理工作中，科研单位的管理均是以问题为基础的，从而为处理某个问题进行相应的管理。而在大数据时代，数据平台能够对数据展开深入的分析及预测，项目管理者可从中及时获得相应的信息，并进行决策部署。因此数据平台不但能够处理海量的数据信息，同时也可推动管理工作的不断深入。

一、科学数据管理平台现状

1999 年农业科技推广数据库启动，首批建立了包含农业科学数据中心在内的 9 个科学数据中心和共享服务试点，逐步开展数据的抢救、整理和质量评价，建立和完善主题数据库，建立基于网络的数据共享应用服务平台，并针对国家重点科研项目的需求开展数据服务、加工数据产品。

我国由政府主导的系统化科学数据平台建设始于 21 世纪初。2004—2005 年，《2004—2010 年国家科技基础条件平台建设纲要》《“十一五”国家科技基础条件平台建设实施意见》先后发布，2014 年，科技部和财政部正式启动国家科技基础条件平台建设专项，重点推动公共财政在地球系统、人口与健康、农业等 8 个领域支持建成了国家科技资源共享服务平台，初步形成了一批资源优势明显的科学数据中心。到 2011 年，共有 23 家平台（中心）通过科技部、财政部组织的联合评审，成为首批认定的国家级科技基础条件平台，这其中就包括“国家农业科学数据共享中心”“林业科学数据中心”等农业领域专业数据平台。

2019 年为落实《科学数据管理办法》和《国家科技资源共享服务平台管理办法》的要求，规范管理国家科技资源共享服务平台，完善科技资源共享服务体系，推动科技资源向社会开放共享，科技部、财政部对原有的国家平台开展了优化调整工作，形成了 20 个国家科学数据中心，推进相关领域科技资源向国家平台汇聚与整合，为科学研究、技术进步和社会发展提供高质量的科技资源共享服务。

除国家级农业科学数据平台外，一些地方也开展了省（市）级农业科学数据平台建设，整合、管理和发布地方农业科学数据资源（赵瑞雪，2019），如北京农业数字信息资源中心。此外，为进一步聚焦科学数据资源建设的领域范围，突出平台的行业特性，一些农业细分领域的专业化科学数据平台也得到了建设和发展，如中国水稻研究所建设的国家水稻数据中心。

二、观测实验站信息管理系统

为更好地管理观测站科学数据，国家农业科学数据中心在充分调研需求的基础上开发了观测实验站信息管理系统，观测实验站信息管理系统旨在满足观测站把定位监测数据、野外采集的试验数据、实验室仪器设备数据，以及监测站的生产工作安排产生的数据，保存在数据系统，并实现对数据进行统一管理储存的需求。实验站数据管理系统对项目立项、项目审核、数据集建立、数据、业务、人员、设备等多方位进行管理，并对数据进行结构化处理，同时为用户提供数据导出功能。

本系统基于 asp. net 的 B/S 架构开发，使用 RoadFlow 工作流引擎。RoadFlow 工作流引擎是在基于第三方 Java Script Library 库的基础上进行二次开发的可视化流程设计器；客户端框架采用 jquery 为基础的 RoadUI；全浏览器支持；数据库使用微软 SQLserver2012 或以上版本；可扩展的缓存设计，支持 . net、Memcached、Redis 等多种缓存方式。

系统的主要特点包括：将项目、数据集、数据、人员、设备等结合，形成完整的项目数据；角色设计多样、权限菜单自由设置；流程灵活可配置，可视化的流程设计器使流程从设计到运行都可采用图形化展现；表单自由设计，动态设置审批步骤等；并且通过本系统可实现数据的一键汇交。系统可以为实验观测站的业务数据和科学数据管理提供强大的保障与支撑能力。系统界面及情景模式见图 2-1 至图 2-3。

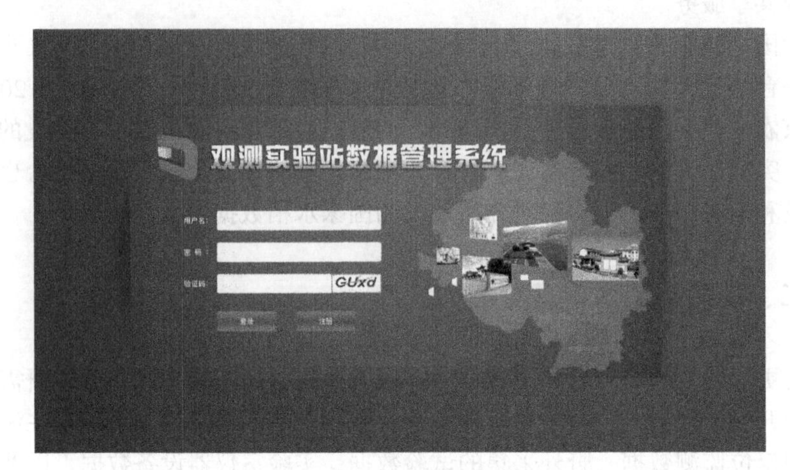

图 2-1　观测试验站信息管理系统

观测实验站数据管理系统
DATA MANAGEMENT SYSTEM OF DALI EXPERIMENTAL STATION
OA　使用帮助　admin　退出
待办事项　已办事项　我的业务　通知管理　个人中心

待办事项

标题：　流程：选择流程　接收时间：　至：　查询

标题	流程	步骤	发送人	接收时间	状态	操作
wert	项目基本信息流程	审核	管理员	2021-06-07 14:42	正常	处理 过程
ert	项目基本信息流程	申请	管理员	2021-06-07 14:42	正常	处理 过程 作废
tyu	项目基本信息流程	申请	管理员	2021-06-07 14:24	正常	处理 过程 作废
456	项目基本信息流程	申请	管理员	2021-06-07 14:21	正常	处理 过程 作废
gfgf	项目基本信息流程	申请	管理员	2021-06-07 14:11	正常	处理 过程 作废
y	项目基本信息流程	申请	管理员	2021-06-07 14:10	正常	处理 过程 作废
uyty	项目基本信息流程	申请	管理员	2021-06-07 14:08	正常	处理 过程 作废
uyty	项目基本信息流程	申请	管理员	2021-06-07 14:07	正常	处理 过程 作废
456	项目基本信息流程	申请	管理员	2021-06-07 14:06	正常	处理 过程 作废
yert	项目基本信息流程	申请	管理员	2021-06-07 14:01	正常	处理 过程 作废
的风格	项目基本信息流程	申请	管理员	2021-06-07 14:00	正常	处理 过程 作废
8666	项目基本信息流程	审核	管理员	2021-06-07 13:59	正常	处理 过程

共 45 条　每页 12 条　转到 1 页　‹ 1 2 3 4 ›

图 2-2　观测试验站信息管理系统 OA 情景模式

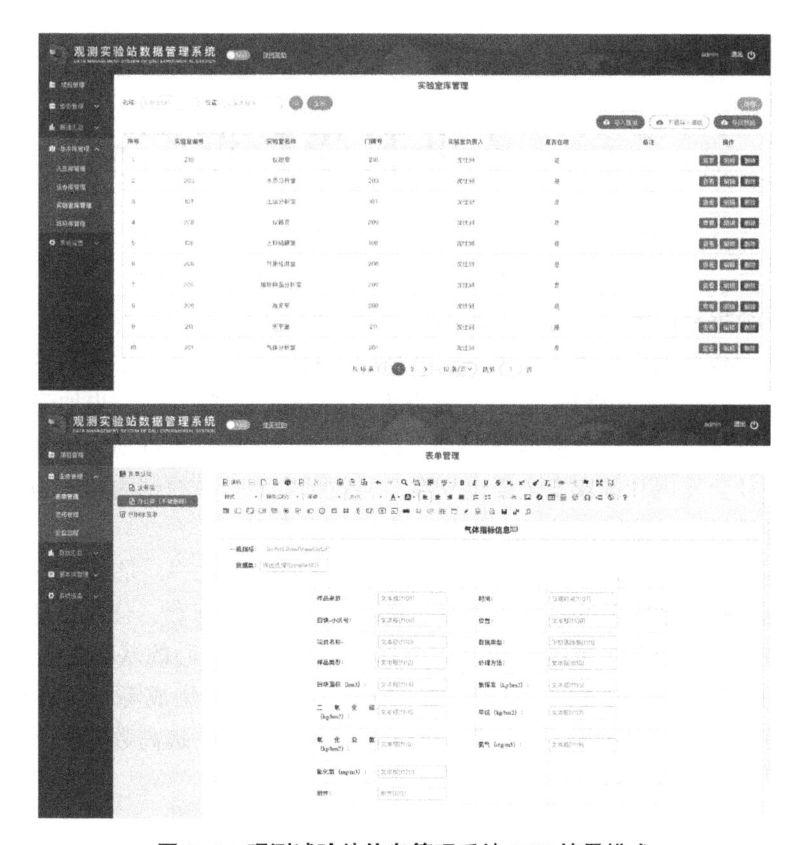

图 2-3　观测试验站信息管理系统 MIS 情景模式

第三章　农业科学数据汇交

科学数据是国家战略资源，在国家建设和发展中占有重要的地位。国家为了规范科学数据工作，先后由国务院办公厅、科技部以及农业农村部发布了相关的法规。《科学数据管理办法》（国办发〔2018〕17号）进一步加强和规范科学数据管理，保障科学数据安全，提高开放共享水平，更好地为国家科技创新、经济社会发展和国家安全提供支撑。科技部和农业农村部为响应国家战略要求，分别发布了配套的法规，细化落实，加强管理。

国家农业科学数据中心是20个国家科学数据中心之一，是科学数据的管理者，承担科学数据汇交、加工整编、挖掘分析、长期保存、公开共享和监测评价的重要工作，其中数据汇交是作为国家科学数据中心的基础性长期性工作。该中心长期致力于数据汇交标准、规范、系统开发集成等基础性研究工作，为持续推动科学数据汇交工作，规范数据汇交流程，提高数据汇交工作质量，提供了重要的支撑。

第一节　农业科学数据汇交方案

一、工作意义与目标

农业科技创新依赖于大量、系统、高可信度的科学数据，通过农业科学数据汇交工作，进一步加强和规范农业科学数据管理，保障农业科学数据安全，提高开放共享水平，推动数据更好地为农业科技创新和农业科学决策服务。

二、工作任务与职责

数据提交方按照相关标准规范编制科学数据计划、加工整理数据实体，在农业科学数据汇交系统内提交，并及时响应中心反馈的修改完善意见。

国家农业科学数据中心组建汇交工作小组完成相关专业领域科学数据汇交审核、共享与服务工作，并为数据提交方的科学数据规范加工提供指导；数据审核通过后，为项目管理方出具科学数据汇交审查报告作为汇交凭证；跟踪科学数据的共享情况。

管理方（项目主管部门）审批科学数据汇交计划与数据实体。

三、工作方式与举措

为了提高审核效率以及准确率，国家农业科学数据中心开发维护农业科学数据汇交系统（https：//a. agridata. cn/）见图 3-1。该系统用于农业科学数据汇交计划和农业科学数据实体的提交、审核、跟进、反馈。农业科学数据汇交采取“线上+线下”的方式，农业科学数据汇交计划与数据实体的审核采取人机结合的方式。

图 3-1　国家农业科学数据中心汇交系统

国家农业科学数据中心为数据提交者生成科学数据汇交系统的账号及密码，并分派数据专员提供技术指导；以邮件、电话等多种方式跟进项目牵头承担单位科学数据汇交计划编制和汇交数据整理。

数据提交者的汇交内容包括：科学数据计划、质量自查报告、科学数据实体、科学数据描述信息、科学数据辅助工具软件等。

国家农业科学数据中心对汇交的科学数据进行分类、分级存储和管理，确保数据的物理安全，不得擅自修改和删除汇交的科学数据，依据项目提交单位提出的共享办法（重点是数据保护期）进行共享管理。

第二节　农业科学数据汇交规范

一、汇交依据

依据2014年颁发的《科技基础性工作专项数据汇交管理办法（暂行）》《科技计划项目科学数据汇交工作方案（试行）》（国科办基〔2019〕104号）。

二、汇交步骤

农业科学数据汇交主要包括4个阶段：数据汇交计划的制定与审核、汇交内容质量自查、农业科学数据汇交与审核、科学数据共享。

1. 科技项目科学数据汇交计划的编制

数据提交方首先应该梳理所要汇交的科学数据，按照相关规定编制科学数据汇交计划，计划中须提出质量控制的手段和方法，以及科学数据开放时间及共享方式等。编写完科学数据计划后，将科学数据计划提交国家农业科学数据中心进行审核。

2. 科技项目科学数据汇交计划的审核

国家农业科学数据中心接收到农业科学数据汇交计划后，通过一审、二审和终审，审查合格后，通知数据提交方，并报对应主管部门审批。汇交计划获得批准后，数据提交方可以进行数据实体的整编、质量自查。

3. 数据实体的提交

数据提交方在完成数据实体的整编后，对科学数据质量进行自查，如果满意，编制科学数据质量自查报告，即可进行实体数据的提交。提交的科学数据包括3个部分：科学数据实体、科学数据描述信息、科学数据辅助工具软件。

4. 数据实体的审查

国家农业科学数据中心接受科学数据提交方提交的科学数据后，通过一审、二审后，由管理部门进行终审，确定提交的科学数据实体是否能通过检查。如果通过终审，国家农业科学数据中心出具审查报告，并为数据提交方颁发科学数据汇交凭证。

国家农业科学数据中心对汇交的科学数据审核的事项主要包括以下几个方面。

（1）汇交的科学数据是否齐全。

（2）汇交的科学数据是否符合形式要求。

（3）汇交的科学数据是否符合保密要求。

（4）汇交的科学数据是否符合规定的质量要求。

（5）汇交的科学数据是否符合无敏感信息的要求。

（6）汇交的科学数据是否符合无伦理问题的要求。

（7）项目数据汇交计划的执行情况和是否符合项目数据汇交指标。

（8）汇交的科学数据是否具有科学价值和使用价值等。

三、科学数据汇交计划

1. 科学数据概述

何时何地何人，按照何种方法以何种仪器设备，获得了所汇交的数据，说明数据资源的时空范围，数据资源的格式、数据资源量、总体的共享方式等。

具体包括：简要描述科技计划项目拟产生的科学数据情况，包括数据集名称（数据集应掌握一定粒度、数据资源名称应含有时间、地点和主题 3 个要素，空间数据应含有比例尺/精度信息）、数据内容（汇交的数据资源总体说明）、采集方案（采集方法、加工方法、依托单位、采集数量等）、采集地点（地理位置的描述信息，以及经纬度坐标，可以是单一地点，也可以是空间范围）、采集时间（详细说明样品的采集时间，可以是时间点，也可以是时间段）、设备情况（设备名称、使用情况等）等基本信息。

2. 科学数据资源清单

准备上交的数据列表清单，该清单应与任务书的考核指标相符，以表格的方式列出所有汇交数据资源，包括数据集名称、数据类型、数据记录条数、数据格式、共享方式、公开时间（即公开共享的时间）。

具体包括：科学数据集名称、数据类型（科学数据、图集、标准物质）、预估数据量（以 MB 或 GB 为单位）、记录数（针对调查监测数据或表格数据）、数据格式、共享方式（完全开放共享、协议共享、暂不共享，协议共享和暂不共享数据需说明原因/依据、协议方式与要求及暂不共享数据的开放日期等）、公开时间（公开数据实施共享的时间点）等。

3. 数据质量控制说明

在数据的采集、加工、保存和分析过程中，为确保数据质量采取的措施的说明。

具体包括：描述科学数据生产所采用的相关数据质量控制情况，包括对汇交科学数据的来源（表述资源质量的资源精度、适用范围）、采集、加工、处理等各环节采用的仪器设备、标准规范、模型方法等质量控制措施等内容。

4. 软件工具说明

说明使用数据文件的配套软件。如果是常见的软件，可以不说明。但是为了长期保存，建议说明。

具体包括：描述用于科学数据处理、加工和分析的专门辅助软件工具的基本信息，包括但不限于软件名称、用途、开发工具、运行环境、开发单位、所属项目、课题编号、备注等信息。

5. 衍生数据的使用原则

对数据引用者使用数据提出的要求，以及对引用数据的规范说明。

具体包括：描述衍生数据的利用（知识产权的说明、衍生数据利用的要求）、再加工政策（对数据产权、引用方式、再加工的说明）。

6. 数据使用期限和长期保存

数据使用期限，说明数据的保护期。保护期应在法定保护期范围内，超出法定保护期的需由项目管理方批准；长期保存，说明数据要汇交到国家农业科学数据中心。

具体包括：说明科学数据的保护期限（暂不共享数据的开放日期）及保护原因（协议共享和暂不共享数据需说明原因/依据、协议方式与要求），并指明拟进行科学数据存档的数据中心（国家农业科学数据中心）。

7. 数据汇交技术方案

汇交数据时，项目牵头承担单位必须按照给定的数据组织方式组织数据，否则不予接受。数据的组织方式（文件目录的组织）为目录下包括数据集、数据说明以及数据软件工具。数据集的命名应含有时间、地点和主题 3 个要素，空间数据应含有比例尺/精度信息。数据保存的安全策略包括汇交方式（线上、线下汇交）、数据压缩加密方式、数据完整性校验算法（如 MD5）等。

具体包括：说明科学数据汇交时拟采用的技术方案，包括但不限于数据目录命名规则（不同类型的数据规范化的存放在不同目录，此处说明目录的命名规则）及文件命名规则（具体文件的命名规则）、安全策略（数据生产、汇交、共享过程中的存储方式、共享方式、安全保障方式、备份等）等，以保证科学数据高质量且快速高效的汇交到国家农业科学数据中心。

四、科学数据内容

科学数据内容主要指要汇交的是试验观测调查后，经过整理得到的数据。包括实体数据、数据说明和数据应用软件。

1. 实体数据

实体数据是指来源于农业实体的数据，数据以实体组织，是对于一个实体的特定目的技术路线下获得的数据。试验研究报告、论文、标准等是数据分析研究的成果，可以作为数据说明文件的内容提交。

如果数据是以表格的形式表示，则列为观测试验的指标，行为一次观测的记录。

如果是图片视频，则每个图片可以作为一次观测的结果，可以把图片中包含的主要波段的数据作为观测指标作为列。

如果是基因序列数据，则每条基因序列可以作为一个观测结果，可以将基因序列的数据作为观测指标作为列。

2. 科学数据的说明

为了方便数据的管理和应用，需为数据集增加一些特定的词汇来标记数据集。数据集的说明，即提供数据集的名称、数据提交者、数据提交单位、数据提交时间、数据类型、数据共享方式、数据保护期、数据大小、文件类型、CSTR 或 DOI、数据引用规范以及领域主题词等。

数据集的数据项说明，包含数据、量纲、数据获取的仪器设备、获取制备数据使用的标准或规范以及制备加工的过程等。

五、数据的分级分类管理

依据《国家科学数据管理办法》和国家农业科学数据中心的数据政策和技术规定，组织对汇交的农业科学数据进行分类、标注、整理和安全存储等全生命周期管理，分类是指按照特定的管理目标，将数据进行分类管理，如按照学科、主题、单位、数据类型、开放范围、开放时间、开放对象等进行分类。同时，为了数据安全，还要对数据进行分级，如敏感、常规数据等；根据数据类别和数据分级进行科学的数据管理。

六、数据加工与长期保存

科学数据提交方及所在单位在数据汇集、呈交、审核科学数据的过程中，负有妥善保管科学数据的义务。

国家农业科学数据中心将合格的汇交数据进行加工整编、编目、数据身份标识（CSTR、DOI 或 PID）、文件标识（MD5 等元数据标识）后，按国家相关法律法规要求保存汇交的科学数据。

随着数据保存介质和设备的更新，国家农业科学数据中心将采取相应的应对措施，保障汇交的科学数据不因技术发展而出现遗失并得到永久保存。

七、数据共享

国家农业科学数据中心对于不向任何机构、团队、个人开放共享的农业科学数据不予办理汇交注册；对于已经注册的全部数据（包括元数据、数据等）依据数据共享层级向社会公众提供不同层次、不同权限的数据共享使用服务，注明数据来源，并遵守知识产权相关的法规及数据汇交时所附加的使用条件。共享方式包括全社会开放共享、协议开放共享、领地共享等多种方式。

国家农业科学数据中心对公开共享数据进行登记，并分配唯一的 CSTR 编号，且制定了一系列数据共享方面的制度，数据使用时要求联系提交者，中心会掌握数据利用的情况。公开共享后的数据，中心门户提供检索入口：https：//www. agridata. cn/data. html#/datalist。

八、数据撤销

1. 数据提交方申请数据撤销

出于某些特殊原因，数据提交方（非项目数据汇交负责人）可提出已汇交数据的撤销申请，国家农业科学数据中心评定是否予以撤销。

已汇交的项目数据提出撤销申请的，需出具主管部门提供的准予撤销证明文件。

2. 国家农业科学数据中心提出的撤销数据

在国家农业科学数据中心注册后的科学数据资源，一经发现并经查实存在弄虚作假、违反相关法律法规要求的情况时，国家农业科学数据中心将撤销其注册资格，并在汇交网站予以通报。同时撤销其唯一性标识、证书等证明文件。

第三节　农业科学数据汇交范围

一、汇交数据范围

汇交的科学数据范围包括国家财政资金支持的科技活动所形成的农业领域相关科学数据、合作机构根据特定需求加工的相关科学数据、机构和个人产出的科学数据（如论文相关数据），以及相关的辅助科学数据和工具软件等。为便于理解，列出下列数据类型包括但不限于以下类型。

观察和检测数据：农业实地观察和测量数据。

调查和监测数据：农业相关的调查和监测数据。

试验研究数据：农业科研过程中产生的试验数据和研究数据。

计算和模拟数据：来自计算模型或模拟的数据。

分析数据：通过分析、挖掘和二次开发得到的数据资源。

汇交内容包括：科学数据汇交计划、质量自查报告、科学数据（实体数据、科学数据描述信息、科学数据辅助工具软件等），以方便使用者理解和使用，最大化地发挥数据价值。

二、汇交注册范围

1. 个人注册账号、机构注册账号、项目注册账号

个人注册账号：面向个人用户，用于个人用户进行数据汇交和使用国家农业科学数据中心的数据服务，该账号需要实名注册；在个人注册信息挂靠机构或项目后，可通过个人账号提交机构数据和项目数据。

机构注册账号：面向机构用户进行数据注册、汇交、管理和机构标识符申请。

项目注册账号：面向项目数据汇交，可由项目负责人或联系人注册，也可由项目管理方批量申请，由国家农业科学数据中心统一生成，项目账号主要用于项目数据汇交注册信息汇总和管理。

2. 数据汇交注册人员义务

（1）按照汇交系统的规定、程序和期限汇交科学数据。

（2）对汇交的科学数据的真实性负责。

（3）对汇交的科学数据的科学价值、实用价值、利用方式、研究限制做出说明。

（4）对汇交数据进行去隐私化处理并保证汇交数据不包含个人身份等敏感信息。

（5）保证汇交的科学数据质量，在线填写自查质量信息报告。

（6）保证汇交的科学数据无伦理争议，有关科学、伦理的数据必须提交伦理审查说明。

（7）在汇交科学数据前应经过所在单位的审核。

（8）保证汇交的科学数据不损害公共利益，不侵犯他人知识产权，自行承担有关法律责任等。

3. 数据汇交注册人员权利

科学数据汇交注册人对汇交的科学数据有发表权、署名权、修改权、保护科学数据完整权、使用权等。汇交数据的注册人应同意国家农业科学数据中心享有汇交数据著作权中的编辑权、不同介质复制权、依注册协议公开数据范围的网络传播权、多语种翻译权、不同格式的转换权和印刷权。

第四节　农业科学数据汇交流程

国家农业科学数据中心收到科学数据汇交审核任务后，形成科学数据汇交项目清单，并分派数据专员负责特定项目牵头承担单位，时刻值守，保障汇交工作的顺利开展。组织数据专员进行各项培训事宜，学习了解汇交工作的具体流程，熟悉汇交工作中的常见问题和难点。服务专员认真研读项目任务书，并提取可能产生的数据集。与项目单位通过电话、微信、邮件等多种方式及时响应汇交单位的咨询，因专业领域原因难以解决时，积极联系相关专家寻求解决方案。在汇交系统形成进度条，汇交专员时刻关注汇交动态和时间表，主动推进数据汇交工作有序进行。中心为鼓励科学家数据汇交的积极性，建立了激励机制，为汇交数据作者颁发数据集收录证书。

科学数据汇交主要包括 4 个阶段：数据汇交计划的制定、汇交内容质量自查、科学数据汇交、科学数据共享。

一、汇交计划的制定

项目组编制汇交计划，科学数据中心审核汇交计划，项目监督方审批汇交计划。汇交计划包括：科学数据概述、科学数据资源清单、科学数据的质量控制说明、科学数据的软件工具说明、科学数据的衍生数据的使用原则、科学数据的使用期限与长期保存、科学数据汇交技术方案、其他补充说明 8 个模块。国家农业科学数据中心可以为有特殊要求的项目单位出具科学数据汇交计划审查表或其他证明文件。

二、汇交内容质量自查

汇交计划通过后由项目承担单位对数据质量进行自查，确保数据的真实性、完整性、一致性等，并在系统填报。包括：是否与汇交计划一致、汇交文件组织规范性、汇交文件完整性、符合相关标准规范、实体数据是否完整、实体数据质量问题、数据描述信息是否存在问题、辅助软件工具是否存在问题等。

三、科学数据汇交

项目承担单位按照汇交计划提交数据质量自查报告后，方可提交科学数据，汇交数据集必须按照汇交计划提交实体数据，可多于计划内容。在实体数据汇交时，项目单位需补充科学数据描述信息，并上传非通用辅助工具软件，实体数据可通过线上提交，也可线下邮寄。科学数据中心审核科学数据并出具数据审查报告（汇交凭证），项目监督方汇总。

四、科学数据共享

科学数据中心为项目承担单位确权并颁发证书，按照项目承担单位的要求和相关政策进行数据共享。汇交流程详见图 3-2。

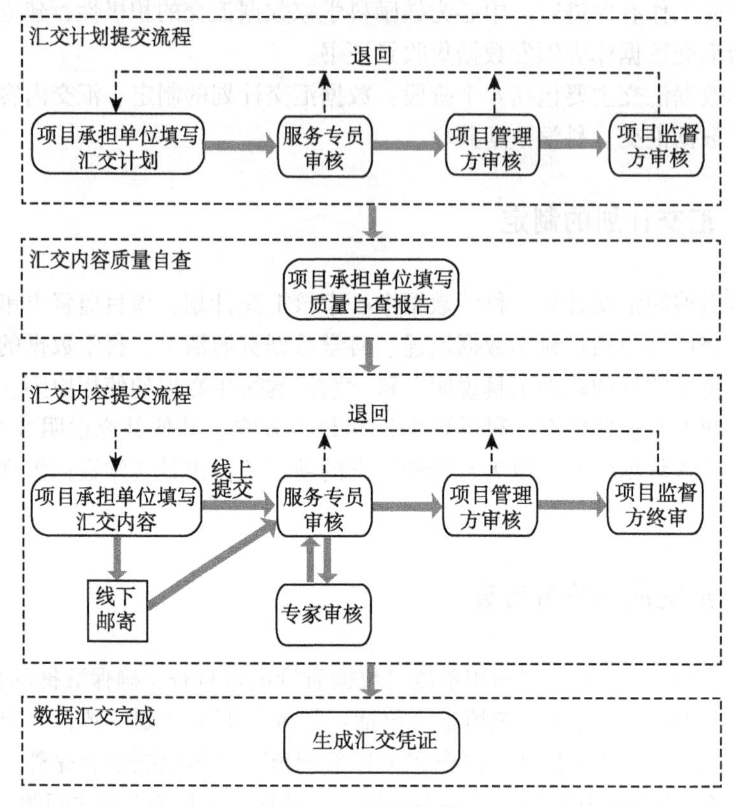

图 3-2　汇交流程

第五节　农业科学数据汇交系统操作指南

一、功能模块介绍

本系统有五大功能模块：系统首页、科学数据汇交计划、自查质量信息报告、科学数据汇交内容、基本信息管理，见图 3-3。

系统首页：提醒用户需要办理的业务，并及时了解已办业务的状态。

科学数据汇交计划：包含更新任务书，在线填写和导入科学数据汇交

图 3-3　功能模块介绍

计划。

自查质量信息报告：用于对科学数据汇交内容进行自查。

科学数据汇交内容：用于科学数据描述信息填写，数据集、使用软件上传汇总。

基本信息管理：可以修改密码、单位名称、联系人、联系电话、电子邮箱等基本信息。

二、系统首页

系统首页：提醒用户需要办理的业务，并及时了解已办业务的状态。见图 3-4。

〖使用手册〗：点击后下载用户使用手册。

〖查看〗：点击科学数据汇交计划下的［查看］按钮，跳转页面到科学数据汇交计划页面；点击科学数据汇交内容下的［查看］按钮，跳转页面到科学数据汇交内容页面。

〖管理〗：跳转页面到基本信息管理页面。

〖在线客服〗：点击后进入客服界面寻求帮助。

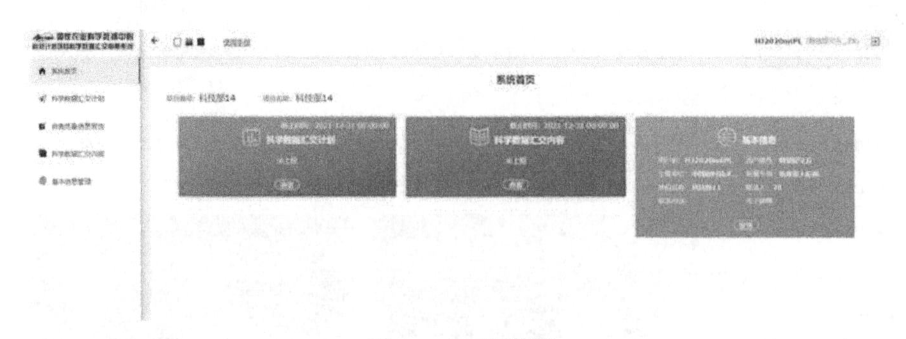

图 3-4　系统首页

三、科学数据汇交计划

科学数据汇交计划模块主要包括以下几个主要功能。

（1）任务书的上传下载，任务书系统已内置，如需更新，进行重传任务书的操作。

（2）流程进度条实时显示汇交计划所处的流程结点，以及各结点的截止时间。

（3）科学数据汇交计划的填报有两种方式：第一种通过下载模板，线下填写，线上批量导入；第二种是线上逐步填写。

（4）科学数据的在线填写依据内容分了 8 个页签，页签形式展示汇交计划中数据集信息，包括：概述、资源清单、质量控制说明、软件工具说明、衍生数据的使用原则、使用期限与长期保存、汇交技术方案、其他补充说明；通过点击每个页签名字可跳转到相应页签页面。

（5）填写完成后，点击上报，本项目的科学数据汇交计划进入审核反馈流程，上报汇交计划后可在页面右侧看到审查意见。见图 3-5。

功能键介绍如下。

〖上传任务书〗：可上传最新项目任务书。

上传任务书以后，可点击〖重传任务书〗按钮重新上传任务书，点击〖下载任务书〗按钮下载任务书。见图 3-6。

〖导入汇交计划〗：点击后下载导入模板，填写完成后导入汇交计划。

搜索〖 〗：可通过名称和关键词搜索已填写的数据集。

〖删除已选〗：删除已选中的数据集。

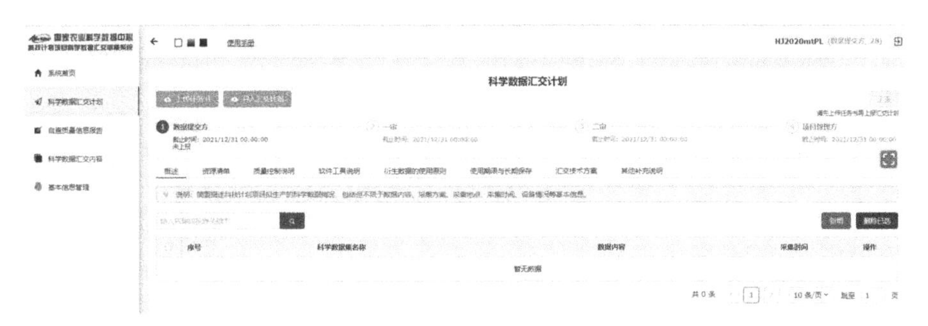

图 3-5　科学数据汇交计划上报

图 3-6　任务书上传与下载

〖上报〗：汇交计划填写完成后点击〖上报〗按钮，完成上报。

全屏〖 〗：点击后将填写部分的页面全屏。

科学数据汇交计划需填写 8 个方面的内容。

1. 概述

点击〖新增〗按钮，弹出新增窗口，新增数据集并填写数据集的概述，简要描述科技计划项目拟生产的科学数据情况，包括但不限于数据内容、采集方案、采集地点、采集时间、设备情况等基本信息。填写完成后点击〖保存〗按钮见如图 3-7。

2. 资源清单

点击资源清单，点击〖查看 & 编辑〗按钮，填写数据集资源清单，包括数据类型、预估数据量/记录数、公开起始时间、数据格式、共享方式等，填写完成后点击〖保存〗按钮。见图 3-8。

图 3-7　新增数据集的概述填写

3. 质量控制说明

点击质量控制说明，点击〖查看 & 编辑〗，填写科学数据生成所采集的相关数据质量控制情况，包括对汇交科学数据的来源、采集、加工、处理等各环节的质量控制措施内容，填写完成后点击〖保存〗按钮。见图 3-9。

4. 软件工具说明

点击软件工具说明，点击〖新增〗按钮，填写描述用于科学数据处理、加工和分析的专门辅助软件工具的基本信息，包括但不限于软件名称、用途、开发工具、运行环境、开发单位、所属项目、课题编号、备注等信息，填写完成后点击〖保存〗按钮。见图 3-10。

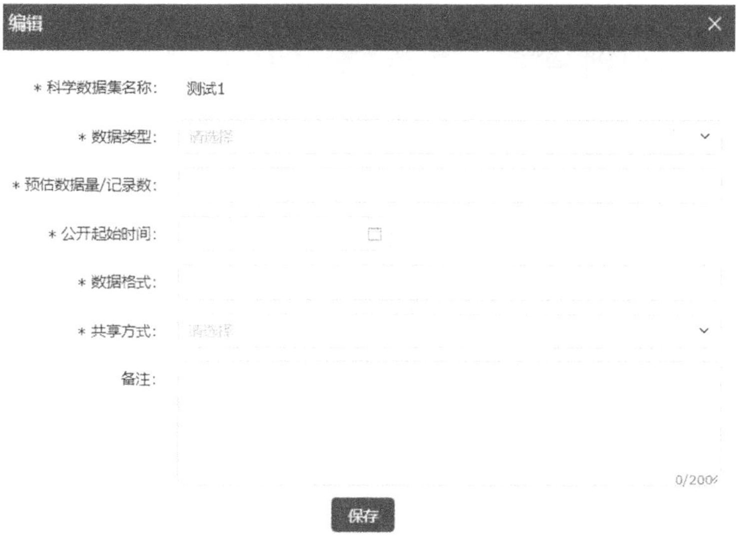

编辑
＊科学数据集名称：
测试1
＊数据类型：
请选择
＊预估数据量/记录数：
＊公开起始时间：
＊数据格式：
＊共享方式：
请选择
备注：
0/200
保存

图 3-8　数据资源清单的填写

编辑
＊科学数据集名称：
测试1
＊来源：
＊采集：
＊加工：
＊处理：
其他说明：
保存

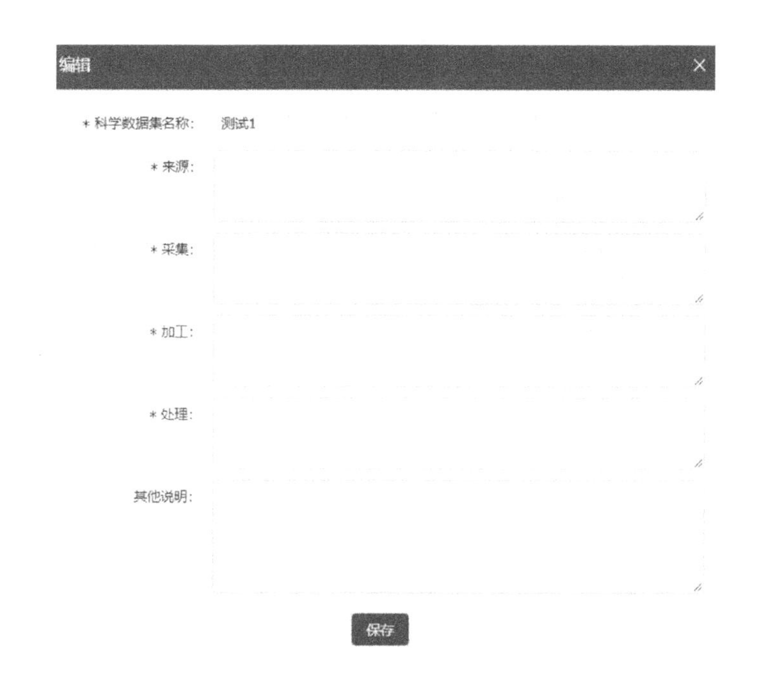

图 3-9　数据质量控制说明

新增 ×

* 软件名称：

* 软件用途：

* 开发工具：

* 运行环境：

* 开发单位：

所属项目：

课题编号：

其他说明：

保存

图 3-10　科学数据的描述填写

5. 衍生数据的使用原则

点击衍生数据的使用原则，填写描述衍生数据的利用、再加工的政策，填写完成后点击〖保存〗按钮。见图 3-11。

图 3-11　衍生数据的描述填写

6. 使用期限与长期保存

点击使用期限与长期保存，填写科学数据的保护期限及保护原因，填写完成后点击〖保存〗按钮。见图 3-12。

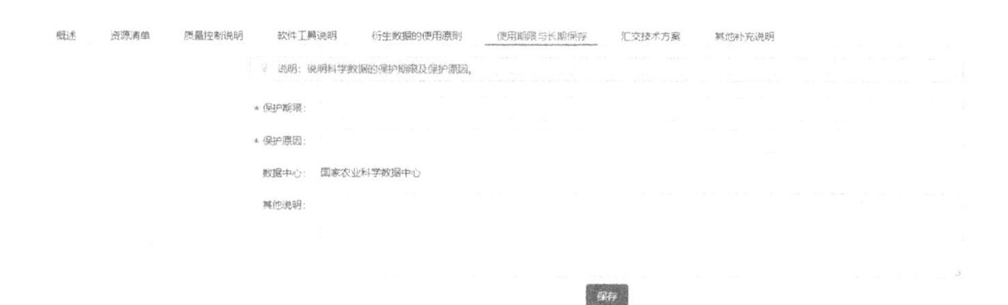

图 3-12　数据的保护期限填写

7. 汇交技术方案

点击汇交技术方案，填写科学数据汇交时拟采用的技术方案，包括但不限于数据目录及文件命名规则、安全策略等，以保证科学数据高质量且快速高效地汇交到科学数据管理方，填写完成后点击〖保存〗按钮。见图 3-13。

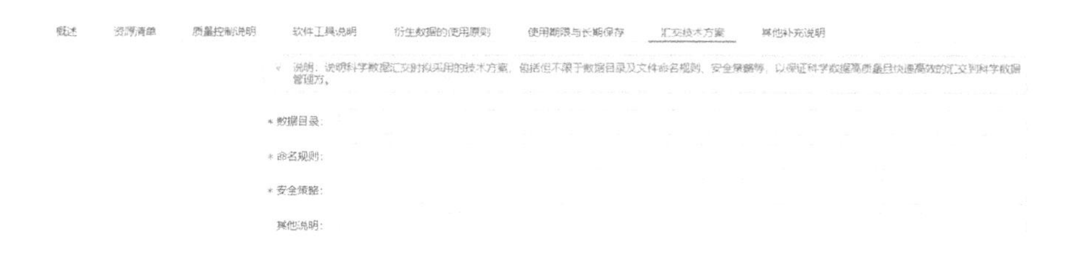

图 3-13　汇交技术方案的填写

8. 其他补充说明

点击其他补充说明，上述未涉及的相关说明内容，可在此进行补充说明，填写完成后点击〖保存〗按钮。见图 3-14。

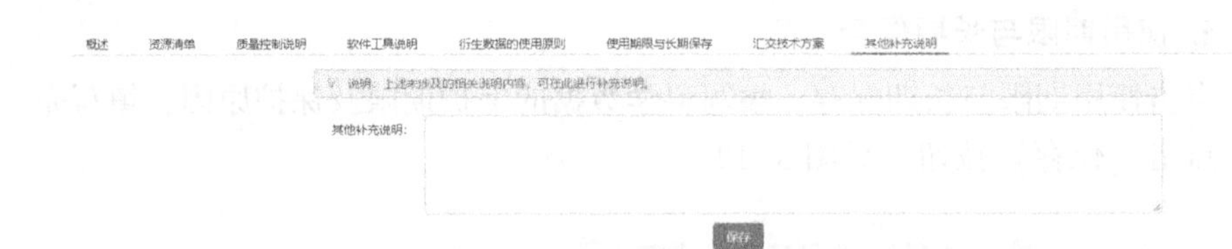

图 3-14　数据的补充说明填写

四、自查质量信息报告

数据提交方需先对拟汇交的数据进行质量自查，系统的自查质量信息报告模块中设置了自查要求，用户依据要求自查数据质量后在系统填写自查质量信息报告并上报，填写完成后点击〖保存〗按钮；科学数据汇交计划审核通过后，可点击〖上报〗按钮上报。见图 3-15。

图 3-15　数据自查信息报告

五、科学数据汇交内容

科学数据汇交内容：用于科学数据描述信息填写，数据集、使用软件上传汇总。主要包括以下几个主要功能。

（1）科学数据汇交内容的提交有两种方式：一种是通过下载模板，线下填写，线上批量导入；另一种是线上逐步填写。

（2）科学数据的汇交内容包括：科学数据实体的上传、科学数据描述信息、辅助工具软件。

（3）科学数据实体的提交方式有两种：线上提交和线下邮寄的方式。

（4）系统会将汇交计划中的资源清单同步到汇交内容，用户必须完成汇交计划中填写的资源清单的数据汇交，仍可增加汇交资源。

（5）填写完成后，点击上报，科学数据汇交内容进入审核反馈流程。

注：汇交计划审核完成并且自查质量报告上报后，才能上报科学数据汇交内容。

上报汇交内容后可在页面右侧看到审查意见。见图 3-16。

图 3-16　科学数据汇交内容

功能键说明如下。

〖下载任务书〗：下载任务书。

〖导入汇交内容〗：点击后下载导入模板，填写完成后导入汇交计划。

搜索〖 〗：可通过名称和关键词搜索已填写的数据集。

〖删除已选〗：删除已选中的数据集，只能删除新增的数据集，从汇交计划同步来的数据集无法删除。

〖上报〗：汇交内容填写完成后完成自查质量信息报告填写上报，再点击〖上报〗按钮，完成汇交内容的上报。

〖上传〗：上传数据集实体文件，大小需小于 100M，大于 100M 的文件线下提交。

全屏〖 〗：点击后将填写部分的页面全屏。

科学数据汇交内容涉及以下 4 个方面的内容。

1. 新增数据集

点击〖新增〗按钮，弹出新增窗口，新增数据集并填写包括数据类型，预估数据量/记录数，公开起始时间，数据格式，共享方式等，填写完成后点击〖保存〗按钮。见图 3-17。

新增 ×

* 科学数据集名称:

* 数据类型: 请选择

* 预估数据量/记录数:

* 公开起始时间:

* 数据格式:

* 共享方式: 请选择

* 提交方式: 请选择

备注:

0/200

保存

图 3-17　新增数据集

2. 科学数据描述信息

点击〖添加〗按钮，弹出添加窗口，填写数据集信息，包括采集人/加工人、联系电话、邮箱、所在单位、联系地址、关键词、资源描述摘要、单位(数据量纲)、数据创建时间、数据地理范围、数据时间范围等，填写完成后点击〖保存〗按钮。见图 3-18。

3. 辅助工具软件

点击〖管理〗按钮，弹出管理窗口，见图 3-19；在此窗口点击〖新增〗按钮，填写数据集辅助软件信息，见图 3-20，包括软件名称、软件用途、开发工具、运行环境、开发单位版本号等。点击〖上传〗按钮，上传使用手册和软件安装包，填写完成后点击〖保存〗按钮。点击〖删除已选〗按钮，可对选中软件进行删除。

图 3-18　科学数据描述信息

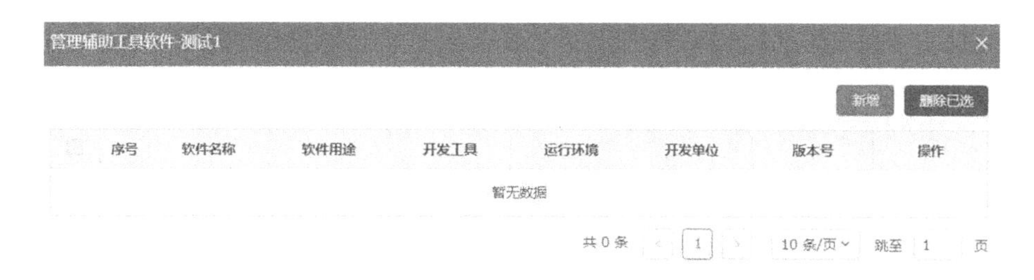

图 3-19　辅助软件工具的填写

4. 操作

点击弹出编辑窗口，对数据集提交方式进行选择，数据集小于 100M 通过线上提交，大于 100M 通过线下提交。见图 3-21。

新增

＊软件名称:

＊软件用途:

＊开发工具:

＊运行环境:

＊开发单位:

＊版本号:

使用手册: 上传

安装包: 上传

保存

图 3-20　新增辅助软件的填写

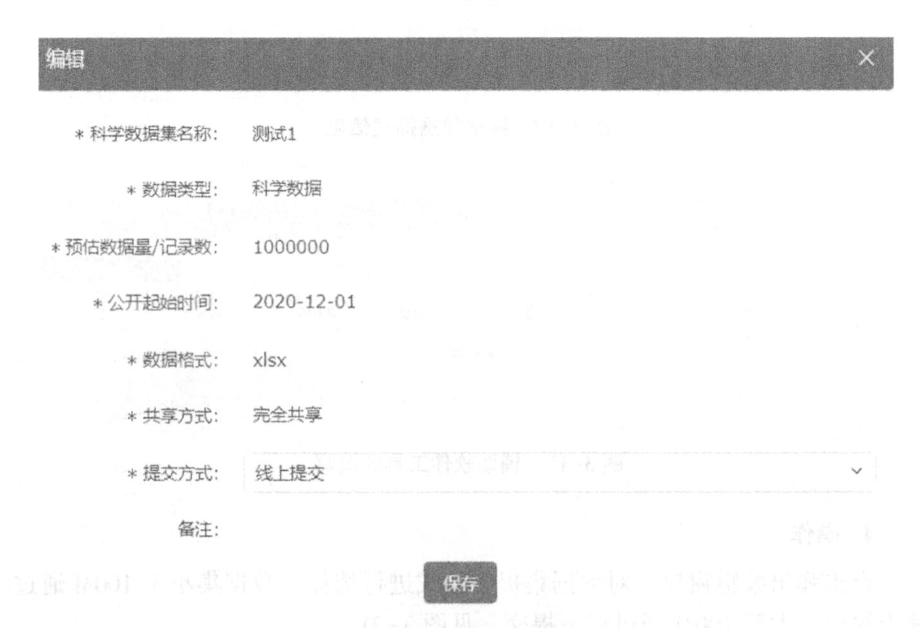

图 3-21　数据集编辑

六、基本信息管理

基本信息管理：可以修改密码、单位名称、联系人、联系电话、电子邮箱等基本信息。见图 3-22。

图 3-22　基本信息管理

〖修改密码〗：可以修改用户密码。

〖更新基本信息〗：修改单位名称、联系人、联系电话、电子邮箱等基本信息后进行保存。

第四章 农业科学数据加工

第一节 农业科学数据学科体系

虽然从农业科学诞生之日起，其应用特性就决定了其与数据的相伴相生关系，但是科学数据的重要性以及科学数据的学科分类体系都是在信息时代才逐渐发展起来的。目前主要存在两种分类体系：完全基于传统学科分类和面向数据改进型的农业科学数据分类体系。

基于传统学科具有多种学科体系分类方法，得益于我国实际科学研究和人才培养环境，最权威的是教育部学科分类体系。该体系将农学分为作物学、园艺学、农业资源利用、植物保护、畜牧学、兽医学、林学、水产 8 个二级学科。但是，这种分类体系将大量交叉学科，或者农业相关学科排除在农业之外，例如农业工程，就被列入工学之下，还有大量学科无法被准确归类。除去教育部学科分类体系，目前还有大量基于实践和农业特性的分类体系，例如西北大学构建的（邹德秀，1986）四级分类体系，见表 4-1。

表 4-1 农业科学数据分类体系

自然科学基础学科	农业基础学科	农业基础理论科学	农业技术科学	农业应用科学
生物学	农业生物学	农业微生物学	病理学 酿造学	病害防治技术 酿造技术
		农业植物学	—	栽培技术
		植物生理学	—	
		农业昆虫学	—	防虫技术 益虫利用技术
		农业动物学	动物营养学	饲养技术
		遗传学	育种学	育种技术
		农业生态学	—	生态技术

（续表）

自然科学基础学科	农业基础学科	农业基础理论科学	农业技术科学	农业应用科学
化学	农业化学	土壤学	耕作学	耕作技术
			肥料学	施肥技术
		农药学	药理学	病虫防治
	生物化学	生物高分子化学	—	栽培学
		酶化学	—	食品科学
		生化遗传学	—	育种技术
物理学	生物力学	—	—	—
	生物物理学	辐射生物学	—	辐射育种
		生物光物理学	—	栽培技术
		分子生物学	—	分子育种
	机械力学	—	农业机械学	农业机械技术
	电学等	—	农业工程学	农业工程技术
地学和天文学	农业地理学	—	农业类型学	农业区划
	地质学	土壤学	耕作学	耕作技术
		水文学	—	农田水利工程
	海洋学	—	水产学	渔业技术
	气象学	—	农业气象学	灾害天气预防等
	气候学	—	农业气候学	小气候控制等
数学	生物数学	—	生物统计	农业实验技术等
			生物模型	模拟技术等
	运筹学	—	—	农业管理技术
	计算机科学	—	—	农业计算技术
	几何学　测量学	—	—	土地规划

这些分类体系，都存在一定不足，与农业科学数据实际工作兼容性并不良好。国家农业科学数据中心针对农业科学数据工作特性，改良并建立了新的农业科学数据分类体系，该分类体系具体内容和优势见第五章第三节。

第二节 农业科学数据主题词

一、农业科学数据主题词

主题词是格式化农业科学数据，进行后续索引、分类加工的关键。目前，我国主要的农业科学数据主题词库主要沿用农业关键词系统，其核心主要是基于 CNKI 的关键词库。主要依据 CNKI 的核心存储和组织引擎，对文献关键词进行提取和分类。

二、农业科学数据主题词索引典（叙词表）

主题词索引典（又称叙词表，后简称为叙词表）是一种控制词汇的方式。简单来说，就是收集足以表示某特定学科领域的词汇，并以特定的结构排列，以显示出词汇之间的关系。主要功用在于词汇控制，是提供资讯储存与检索标准化的用语。在众多官方定义中，“联合国科教文组织全球科技资讯系统”的表述则较为完整，叙词表可以通过其功能或者结构进行定义。就功能而言，叙词表是一种控制词汇的工具，其用途是将文献、标引人员或系统使用者所用的自然语言，转译成更为规范的“系统语言”（文献工作语言，资讯语言）。就结构而言，叙词表是一部含有特定知识领域的词汇，词汇间有语义或从属上的关系，且词汇是控制的、动态的（尹峥晖，2015）。

国家标准 GB 13190—91《汉语索引典编制规则》将索引典定义为：“将文献、标引人员或用户的自然语言转换成规范化语言的一种术语控制工具；它是概括各门或某一学科领域并由语义相关、簇性相关的术语组成的可以不断补充的规范化的词表。”可见，叙词表是特定学科领域内的表达事物概念的词汇集合，是通过各种方式对叙词之间的各种词义联系进行显示的词汇系统。叙词表主要用于对信息进行标引时的自动或者辅助选择索引词以及进行检索时的后控制，是提高查全率、查准率，实现多语种检索和智能化概念检索的重要途径。

农业科学叙词表是为了适应我国农业情报工作现代化的需要，建立的全国农业文献检索系统，由来自全国的农业科技工作者经过 7 年的努力于 1993 年完成的。该叙词表能直观、便捷地展示农业叙词之间的关系与联系，使人们能够直观整体地了解农业体系，学习农业专业词汇。对中国农业和互联网农业资源的发展提供便利（乔波，2019）。

三、农业科学数据本体库

本体的定义被广泛认同的是 Rudi Studer 等学者在前人基础上提出的“本体是共享概念模型的明确的形式化规范说明”。本体的目标是捕获相关领域的知识，提供对该领域知识的共同理解，确定该领域内共同认可的词汇，从不同层次的形式化模式上给出这些词（术语）和词间相互关系的明确定义。自 20 世纪 80 年代末 90 年代初人工智能界将哲学领域的概念“Ontology”引入以来，人们对本体的基础理论、建模方法、构建工具和应用等做了大量的探索和研究，也取得了显著的成就，出现了大量的本体研究工具、本体描述语言和本体系统。

万维网联盟（World Wide Web Consortium，简称为 W3C），在 2001 年就开始对本体展开研究，与对语义网的研究差不多同步开始。主持研究的是 Web-ontology 工作组，他们一开始就将自己的研究定位在为语义网的构建打基础。万维网创始人 Tim Berners-Lee 于 2000 年 12 月 18 日在 XML2000 的会议上正式提出语义网（Semantic Web）（Berners-Lee et al.，2000）。

语义网的目标是使得 Web 上的信息具有计算机可以理解的语义，满足智能软件代理（Intelligent Agent）对万维网上异构和分布式信息的有效访问和搜索。Berners-Lee 为未来的 Web 发展提出了基于语义的体系结构。从上面的框架不难看出，本体位于底层的 Unicode 字符集和 XML 语法结构之上，位于逻辑层和验证层之下，它既是基于 XML 的，同时又为语义网络的逻辑推理和验证功能提供基础结构，本体处于语义网结构中的关键部分（刘为，2018）。

W3C 在本体研究方面的贡献主要是制定了一系列相关标准。W3C 制订的 XML 作为一种资源描述语言，由于其良好的可扩展性，适合于表示各种信息，现已被广泛接受为未来 Web 上数据交换的标准。XML 不仅提供对资源内容的表示，也提供资源所具有的结构信息。但仅有 XML 是不够的。XML 页面上还包含大量其他信息，如图像、音频和说明性文字内容等，这些信息难以被智能软件代理处理。因此需要提供描述 XML 资源的元数据，也就是对所描述对象结构或内容所作的规范说明。资源描述框架（Resource Description Framework，简称为 RDF）是 W3C 推荐的用于描述和处理元数据的方案，能为 Web 上的应用程序间的交互提供机器能理解或处理的信息。它独立于任何语言，适用于任何领域，是处理元数据的基础。

XML 与 RDF 都能为所描述的资源提供一定的语义。问题是 XML 标签集（Tags）和 RDF 中的属性集（Properties）都没有任何限制，如<Author>或<Creator>标记均可用<Writer>来代替。而且，XML 和 RDF 在处理语义上存在以下问题：一是同一概念有多种词汇表示，二是同一词汇有多种含义（概念）。W3C 从 2002 年 1 月起开始制订 OWL 标准规范。2003 年 8 月 18 日，OWL 成为 W3C 的候选推荐标准，2004 年 2 月 10 日，OWL 已成为了 W3C 的推荐标准。OWL 促进了由 XML、RDFS（Resource Description Framework Schema）支持的 Web 内容在机器间的互操作性。OWL 拥有 3 种表达能力递增的子语言：OWL Lite、OWL DL 和 OWL Full。OWL 能够被用于清晰地表达词汇表中词条（term）的含义以及这些词条之间的关系。相对于 XML、RDF 和 RDFS 来讲，OWL 拥有更多的机制来表达语义，因而它超越了 XML、RDF 和 RDFS 仅能够表达网上机器可读文档内容的能力，目前很多本体工具都支持这种标准。美国斯坦福大学的知识系统实验室（Knowledge Systems Laboratory，简称为 KSL），无论是在本体建模工具领域，还是在本体应用层面的研究方面，都站在了知识工程领域的最前沿。KSL 的 TR. Gruber 在 1993 年最早提出了“本体”在知识工程领域的定义，他曾经是首届本体国际会议的主席（Gruber，1993）。Guarino 博士根据整体与部分理论、同一性（Identity）理论和关系理论等哲学理论成果，设计了顶级/层本体。Guarino 本体框架的设计特征是根据特殊性和普遍性两个角度来设计。特殊性表示具体的实体、事件、物质。普遍性表示从具体事件中抽象出的概念、属性、状态和关系等（Guarino，1995）。目前，KSL 的研究主题主要有本体的合并及诊断（Ontology Merging and Diagnosis）、语义网技术、可复用知识的海量存储库（Large-Scale Repositories of Reusable Knowledge）、增强的设计对象复用技术（Technology for Enhanced Reuse of Design Objects）等知识共享技术（Knowledge Sharing Technologies），物理系统的建模与分析（Modeling and Analysis of Physical Systems）和应用性智能系统（Adaptive Intelligent Systems）。在这些研究项目中，又以本体和以本体为基础的语义网技术的研究处于首位。

德国卡尔斯鲁厄大学（University of Karlsruhe）的 Rudi Studer、Alexander Maeche 和以他们为首的应用情报学和规范描述方法研究所（Institute of Applied Informatics and Formal Description Methods）对本体基础理论和本体的数学表达进行了深层次的研究，目前从事的研究重点是构建基于本体的知识门户和语义门户，已完成的课题主要涉及底层知识库的构建、本体的构建和集成，以及本体构建工具的研制。例如，运用概念聚类法进行本体集成的卡尔斯鲁厄本体与语义网配套工具 KAON（The Karlsruhe Ontology and Semantic Web Tool Suite）项目。正在进行的项目主要涉及本体系统及其框架在语义网建设中的运用，且更加侧重于知识发现。例如，研究基于本体的分布式与半结构化信息获取的 Onto Broker 项目。在农业领域，联合国粮农组织（FAO）也在进行本体方面的研究，AOS 项目就是世界农业信息中心（WAICENT）作为 FAO 的一个机构，对 FAO 在世界范围内的信息资源管理、数字化、网络化起到了巨大的推动作用。近年来，WAICENT 认识到，虽然因特网上有大量的农业相关信息资源，但由于这些信息资源分布于不同的服务器上，信息需求者很难获得完整的所需相关信息。所以，他们从 2001 起开始策划定义一种通用的农业语义系统，为农业信息服务需求者提供服务，获取权威的农业信息资源。粮农组织称这个语义系统为农业本体服务（Agricultural Ontology Services，简称为 AOS）。AOS 项目，意在建立网络信息资源管理的相关标准，从而促进网络信息资源的数字转换、准确检索等。AOS 的主要目标是：更佳的资源标引；更好地检索资源；增加农业领域内的相互作用。FAO 自 2001 年发起 AOS 计划后，到目前为止，共召开了 8 次 AOS 国际研讨会。每次会议都邀请多方面专家参加学习和讨论，议题包括从对 AOS 项目的介绍、本体的基础理论知识、本体在信息管理中的作用、本体与叙词表的区别到对本体构建工具的介绍。2005 年在葡萄牙举行的第六次研讨会的议题则包括：在语义概念使用上要一致、维持分布式的叙词表和本体、从叙词表到本体和基于 Web 应用的本体使用等。2006 年 11 月 9—11 日，在印度南部城市 Bangalore 召开了第七届 AOS 国际研讨会。这次研讨会的主题是本体如何从目前已经存在的农业信息系统中获取知识。通过研讨会，使各国农业本体的研究者，有机会进行面对面的讨论和交流，通过专注本体研究中的知识再现、知识整合等作用，促进本体在知识推理和知识挖掘方面的应用。2007 年 9 月 21—22 日，在罗马召开了第八届 AOS 国际研讨会（常春，2004；鲜国建，2008）。

我国对于本体的研究大约始于 20 世纪 90 年代初。与国外相比，我国无论是在理论研究、实证研究，还是在技术手段的实现和应用方面都相对落后，与国外高水平的研究相比存在很大差距。从查阅的文献来看，关于本体的文献数量较少，且主要是在 20 世纪 90 年代末。文献的内容多为研究综述性质或是翻译国外的研究成果。还有一些是关于本体构建软件工具研制的报道。不过最近几年来，国内也掀起了本体研究热潮，很多博士、硕士都选择与本体研究相关的题目做论文，研究内容上也有一定的深度。

由于叙词表和本体在表达知识结构上的天然联系，自语义网提出之后，国内外很多学术团体相继开始了利用现有的叙词表建立本体的尝试，已经有十多种叙词表被用各种方法转换为本体。联合国粮农组织（FAO）成立了农业本体论服务项目小组（AOS），利用 RDFS（RDF Schema）将 Agrovoc 叙词表转换为农业本体。SWAD Europe 专门成立了叙词研究小组，对各种叙词表进行了分类研究，提出了一个以 RDFS 语言为基础，用叙词来描述本体的组织体系 SKOS（Simple Knowledge Organization System）（Miles，2009）。在国内，邓志鸿、唐世渭等学者在北京大学数字图书馆工程的智能导航系统研究中，运用本体技术在图书分类体系和主题词表的基础上建立概念模型，利用该概念模型进行智能导航（邓志鸿等，2002）。国家科学数据中心也十分关注我国进一步开展本体研究和在不同领域中开展更广泛的应用，农业本体服务也是重要的研究内容，并在“农业索引典在中国的发展和农业本体论展望”和“农业本体论——农业知识组织系统的建立”这两篇文章中分析了本体论的概论、国内外研究现状、本体论的优点、本体论的模型和表达、农业本体论的作用和方法论，还展望了农业本体论在将来农业信息网络检索中的应用。常春博士也详细探讨了本体的构建方法以及叙词表向本体转化，并取得了一定成果，为进一步的研究打下基础（常春，2004）。李景博士、钱平研究员，详细分析了传统的叙词表和本体的概念和应用特点以及二者之间的区别与联系（李景，2004）。这为叙词表向本体转换研究提供了一些思路。深圳大学图书馆的曾新红在借鉴国外相关研究成果的基础上，提出了用 OWL 表示《中国分类主题词表》的具体方案，并就词表中存在的大量复合概念的深层语义揭示提出了解决建议（曾新红等，2008）。中国科学院文献情报中心的毛军提出了叙词表的 RDF 表示方法，对叙词表的微观结构（叙词+关系）作为一个基本的语义单元进行处理，并且将叙词用概念和词汇两个层次的资源来描述，把原来的“用、代、属、分、参”关系分别净化和简化为“属和参”和相应的 RDF 属性（毛军，2002）。

综上所述，国内外在本体方面已进行了比较深入的研究，在理论研究和实践探索方面都取得了一定的成绩，出现了一批本体表示语言和本体工具，也构建了大量的领域本体。但是，要将本体真正运用到实际中去，发挥本体的优越性能，还需要做大量的研究和探索。到目前为止，本体的构建尽管有了相应的辅助工具，但还是没有形成统一的标准和流程。本体的构建也是一项费时、费力的工程。人们尝试将传统的叙词表转化为本体。在这方面也有了一定的进展。OWL由于具有丰富的语言表达和逻辑推理能力，已成为W3C最新的推荐标准，现在大多数本体工具都支持这种标准。但目前叙词表向本体转换方面的研究基本上是在RDFS的基础上进行，还很少有以OWL标准为基础的研究报道。

第三节　农业科学数据元数据

元数据英文名称Metadata，定义为“关于数据的数据”，或是描述和限定其他数据的数据。元数据作为描述信息资源的特征和属性的结构化数据，具有定位、发现、证明、评估、选择信息资源等功能。作为一个专用术语，元数据现已广泛应用于各个领域。科学数据作为一种特殊的信息资源，一方面包括通过科技活动或其他方式所获取到的原始基本数据，另一方面是根据不同科技活动需要加工整理的各类数据集。用于描述此类信息资源的元数据被称为科学数据元数据。科学数据元数据对科学数据形式和内部特征进行详细的描述，为科学数据共享提供信息，其主要目标是提供科学数据资源的全面指南，以便用户对数据资源进行准确、高效与充分的开发与利用。

科学数据元数据通过回答用户的一系列问题：有什么？怎么样？如何获取？怎么使用？使用户可根据需要正确选择、使用、交换数据。同时，元数据也方便了数据管理机构管理海量数据，实现数据库的集成，对数据集进行管理维护和数据目录服务。另外，通过元数据，数据生产者对数据进行生产、加工、更新、归档等工作变得更容易，体现为数据集建立后，随着数据生产人员的变化及时间的流逝，后期接替人员虽对先前数据了解较少，但仍可依据元数据组织数据的生产、更新、加工与增值等各项工作。

与国外相比，我国科学数据元数据起步较晚，但发展迅速。自2002年在科技部主导下启动实施科学数据共享工程以来，广泛开展我国科学数据元数据研究，各个学科领域的元数据标准相继建立。其中在农业领域，主要是中国农业科学院农业信息研究所、中国农业科学院农业资源与农业区划研究所等研究单位先后提出了包括农业科技信息核心元数据标准框架与农业资源空间信息元数据的行业规范与标准等。随着农业科学数据共享平台的搭建，为了整合我国农业领域科学数据资源，提高数据库建库质量，提升农业科学数据加工的规范化、标准化，制定了农业科学数据元数据标准和核心元数据标准，主要应用于国家农业科学数据中心，适用于农业科学数据共享、编目、元数据交换和网络查询服务。农业科学数据元数据标准中包含有元数据实体信息和数据集引用信息两类元数据格式，元数据实体信息中规定了必选模块为数据集标识信息、内容信息、分发信息、限制信息和维护信息，对于数据质量信息定义为可选信息。农业科学数据共享核心元数据是唯一标识一个数据集所需的最少元数据内容。核心元数据为用户提供数据的最基本信息，包括数据内容、数据分类、数据存储与访问信息、数据提供单位信息以及数据更新等信息，便于用户查询检索。核心元数据内容由全集元数据内容中的必选项构成。

我国目前农业科学数据元数据存在诸多问题。

1. 元数据标准体系不健全

目前，农业领域只是在通用层面上建立了科学数据元数据标准，尽管包括了全集元数据和核心元数据，但对于该领域专用元数据标准与规范的建设还相对欠缺。农业科学是一个庞杂的学科群，涵盖了生物、环境、经济等学科领域，农业领域科学数据数量庞大、种类繁多、内容复杂且具有交叉性，如有关农业生物多样性、农业生态环境、农业土壤肥料等研究领域的科学数据与其他学科的研究存在着明显的交叉重叠。因此，农业领域要充分实现与其他领域的数据交换与数据共享，需要不断完善元数据标准体系，特别是农业领域专用元数据标准与规范的建立十分重要。

2. 元数据内容不够全面

农业领域的科学数据具有连续性、时间性、空间性、地域性以及种类和要素多样性等特点。这就要求科学数据元数据的内容必须能够向用户提供数据的这些属性方面的信息，如科学数据的采集方法、数据的使用情况等，然而现状是这些属性并没有体现在元数据内容中，不能满足需求。现有的元数据标准中反映数据内容的要素有数据集标题、数据集关键词、摘要等，而且元数据实体中包含了数据内容信息模块，作为数据共享层面的元数据，其对于科学数据内容的体现，只有资源域一项元数据元素。对于了解农业领域的用户来说，很容易理解数据内容，但对于农业领域外的用户可能会需要额外的信息来理解数据内容，如数据集标识使用的要素类目信息或描述数据集数据层内容的信息等。

3. 元数据意识需要培养

科学数据元数据的功能已经不仅仅局限于对资源的简单描述或索引，其实现的功能已经发生变化。除了承担描述、定位、搜索、评价和选择资源的作用外，还承担着管理科学数据，维护数据安全和控制数据质量的功能。目前，虽然以国家农业科学数据中心为代表的国内机构已经制定了完善的元数据标准规范，但是，数据生产者和提供者，对元数据的管理意识还比较薄弱，经常发生提供的元数据缺失或者元数据不全的情况。需要进一步培养元数据意识。

4. 元数据应用不规范

元数据在实际应用中存在随意性，元数据著录者无视元数据记录的完整性，只是站在自身角度上完成元数据元素项的内容，甚至因怕麻烦而省略一些项目。这势必导致元数据的质量和内容达不到用户的需求。最为典型的是，元数据内容中规定了如何描述数据质量，通过数据志来反映，其中包括了数据源和数据处理步骤。但在实际应用中，元数据著录者在很多情况下省略了该项内容，事实上数据质量信息是用户评价和使用数据的重要参考依据，尤其对于加工处理过程十分复杂的数据，用户对该项信息尤为关注（赵华等，2014）。

第四节　农业科学数据加工

一、农业科学数据加工的目的

为满足实际需求，农业科学数据必须经过加工。加工目的主要包括为排除原有数据存在问题而进行的加工，和为了数据融合而进行的加工两种。

数据汇交产生的农业科学数据和元数据可能存在各种问题，需要进行针对性加工以提高可用性。例如：①元数据不全问题，常见于缺少描述信息、地址信息、邮编地址信息等字段，需要进行补全；②实体数据格式问题，常见于格式错误、格式可读性差（以 PDF 报告提供数据、以图片形式提供表格数据）等，需要进行修正、识别和提取；③实体数据字段问题，常见于字段定义不规范、字母字段缺少含义解释等，需要进行修改和标注；④数据可用性不足，常见于提交的论文、报告、证书等不可用，需要进行修改。

数据汇交产生的数据为了解决实际问题，需要进行加工以实现跨数据集融合。例如：①基于同一种作物，对不同项目产生的汇交数据中涉及本作物的内容进行提取、标注和统一量度，并进行跨数据集融合，以构建针对本作物的数据专题。②基于某地理区域，进行坐标计算后，针对多个数据集，对涉及本地理区域范围的数据进行提取，并进行跨数据集融合，以构建针对本区域的数据专题。

目前，国家农业科学数据中心开发了农业科学数据加工系统，对科技计划项目科学数据汇交审核系统、长期性数据汇交系统、总中心门户、分中心门户、实验站门户等其他系统收集的数据资源根据统一的格式进行加工处理，满足数据共享的规范及要求。系统功能主要包含：原始数据查看、元数据加工、数据审核、数据分布、加工任务分配、用户管理、个人信息管理等。

二、基本功能和界面

农业科学数据加工系统用户凭账号和密码登录系统，并完成相关操作。系统主界面包括菜单区、统计区、个人信息区，如图 4-1 所示。

系统主要包括：数据加工、数据审核、用户数据分配、基本信息管理等。

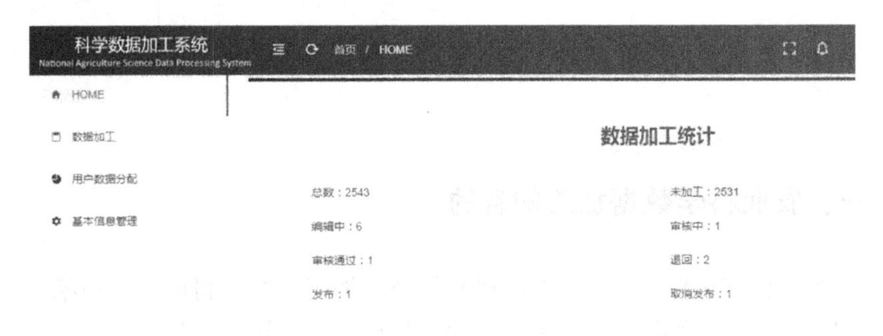

图 4-1　加工系统用户登录页面

三、数据加工

数据加工主要包括对科技项目汇交数据、长期性汇交数据、三级门户数据的加工功能。对每种数据，可以通过界面查看其科学数据集名称、学科分类、地理范围、状态、创建时间等。主要包括的加工功能包括新增、加工、提交、查看原始数据、导入和导出。加工内容主要包括对数据名称、地理范围、内容等的标注和修改，见图 4-2、图 4-3。

图 4-2　加工功能选择示例

数据加工-编辑

＜ 返回数据列表

* 数据集名称	测试导入	* 数据来源类型	实验 / 文本型
* 学科分类	动物科学与动物医学 / 动物种质资源	* 创建时间	2012-05-06
* 数据类型	汇交数据库	* 资源来源	资源来源
* 发布时间	2012-06-03	* 涉及区域	涉及区域
* 数据大小	数据大小	* 共享方式	协议共享
* 数据记录数	数据记录数	* 版本	版本
* 数据格式	数据格式	* 语种	语种
* 地理范围	地理范围	* 时间范围	时间范围
* 关键词	关键词		

图 4-3　加工系统数据加工页面

四、数据审核和分配

数据审核主要是通过管理员，对指定审核者分配数据，或为数据制定审核者，能够对数据的名称、分类、数据内容等进行审核，确保加工质量，见图 4-4。

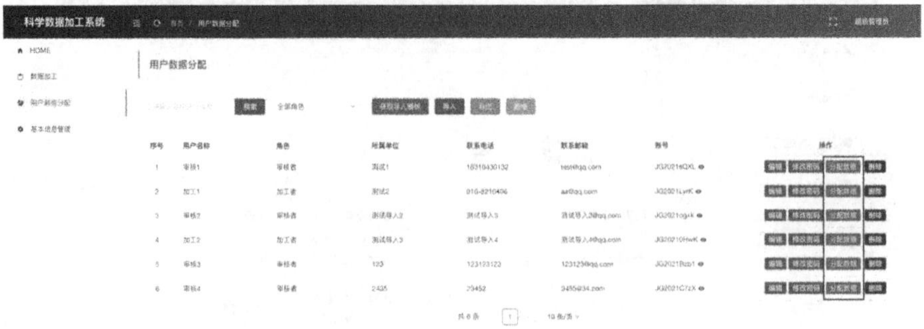

图 4-4 加工系统用户分配页面

第五节 国家农业科学数据中心农业科学数据加工工作重点

国家农业科学数据中心高度重视农业科学数据加工工作，并重点在以下工作发力。

一、农业科学数据挖掘分析工具和平台研制

1. 作物育种数据挖掘分析工具

传统作物育种在育种数据的管理、汇总、分析、利用上有明显的不足和落后，手工记录，方式落后，效率低。很多还停留在田间手工记录在本子上的阶段，这就需要二次数据整理和录入工作，易出错，数据整理工作量大，数据采集滞后，甚至出现历史育种数据成为垃圾数据的糟糕局面。育种信息化是急需解决的课题，没有先进的育种数据管理系统，就实现不了现代商业育种。对于作物育种来说数据管理第一重要，只有开展了科学扎实的育种数据管理工作，才能进行更方便和更高水平的数据分析利用工作，因此，中心计划研制作物计算育种数据管理平台，用于辅助科学家作物育种，提高育种效率。

2. 农业资源环境数据挖掘分析工具

国家农业科学数据中心目前有数量巨大的农业资源环境数据，数据跨度从1910 年至 2019 年 7 月，数据类型包括文本报告、电子统计表格、栅格地图、

矢量地图、卫星遥感图像和多媒体视频等，数据格式包括各种软件类型，是标准的多源异构大数据。数据全部通过元数据技术将真实数据统一管理，数据之间的关联主要依靠行政区代码和名称两个字段。但是行政区关联精度是远远不够的，无法实现精确查询，更无法实现数据的对比分析与智能利用。而现实中，数据的对比分析及智能利用需求巨大，比如由于行政区名称代码变更、行政区管辖属性调整就会造成历史数据与后续数据的不配对与对称，无法按照一个查询条件进行高效查询，更无法实现数据的自动提取与转换，无法满足一次查一个空间范围的有效信息。因此，要实现资源环境数据内容的智能关联和利用，必须继续开展资源环境数据加工与挖掘应用。除了在采集数据及数据入库时进行数据的精确分析，保证数据有效入库外，还应该研究大数据中相关数据算法，开发数据分析软件和工具。

3. 动物饲料营养数据挖掘分析工具

营养学家正致力于通过数学模型的构建方法，研究不同养分之间的相关关系，尤其建立饲料化学成分与饲料的有效养分，探寻主要的营养成分。中心计划对采收入库的常规及非常规饲料资源开展饲料成分及营养价值特性的全面评价，构建通过已知数据预测未知数据的养分预测模型，全面拓展资源的挖掘与应用。

二、开展专题性的农业科学数据挖掘应用

重点应用 1：“藏粮于技”专题服务

中国农业科学院 2019 年宣布启动“藏粮于技”等五大系列科研计划；其中“藏粮于技”科研计划将重点开展育种技术提升、重大自主品种培育、高效精准栽培、绿色丰产关键技术集成四大科技行动，支撑保障我国水稻、小麦口粮绝对安全，玉米基本自给，大豆自给率逐步提升，其中食用大豆完全自给。

国家农业科学数据中心计划开展“藏粮于技”专题服务，重点开展作物种质资源、分子生物学、育种、栽培等领域科学数据的收集、整合与保存，研制计算育种平台，服务于育种科研机构和育种企业，提高培育效率。

重点应用 2：资源环境专题服务

依据农业资源调查与评价数据集中的水资源数据库、气候资源数据库、生物资源数据库、土壤资源数据库、农村能源数据库、农业资源退化与生态建设

数据库、农业环境治理与保护数据库、农业资源调查与评价理论与方法信息数据库、其他农业资源调查与评价信息数据库和农业土地利用数据集中的耕地、园地等资源数据集等进行分析，为科研机构提供科研服务，并为政府决策提供支持。

重点应用3：食品营养加工专题服务

依据国家农业科学数据中心建立的食品营养加工相关数据集，针对科研机构的科研需求，提供常见食品原料和食品数据专题服务，助力食品科研。

重点应用4："一带一路"涉农企业专题应用

在打造"一带一路"国家基础数据库和"热带农业国际合作数据库"基础上，2019年举办第二届"一带一路"峰会，这是2019年中国最重要的主场外交。农业对外合作既回应了沿线国家的重点关切，又贴合公众利益与民生，已成为打造"一带一路"命运共同体和利益共同体的民生工程和最佳结合点之一。国家农业科学数据中心将继续以科技、市场为导向，有效整合资源，通过数据支撑和技术支持，继续为"一带一路"涉农企业提供专题应用。

持续开展国际热带农业对外合作数据调查分析与共享，开展"'一带一路'国别投资的风险分析"专题研究和咨询，以热带农业战略，热带作物相关农业产业和科技政策、科技进展、投资和贸易政策为重点板块，以"一带一路"热带农业合作为目标，提升信息数据的质量、系统性、集中性和指导作用。拟利用热带作物分布和资源图库、天然橡胶产业数据库、咖啡产业数据库等，形成"一带一路"涉农企业专题报告。

重点应用5：海南省产业精准扶贫专题应用

开展产业精准扶贫专题应用，培育一批能够带动贫困户长期稳定增收的优势特色产业，有助于实现脱贫。国家农业科学数据中心以产业扶贫为核心，计划联合热带科学院培训中心在海南省儋州、昌江、白沙等市县的贫困乡镇重点开展林下经济、热带水果、畜牧养殖等方面的技术培训。同时开展农业政策、法律法规、市场营销、电子商务、农产品质量安全等相关公共基础知识的专题应用，拟利用热带水果产业数据库、贵州石漠化综合治理数据库、热带农业专家信息库等。

重点应用6：区域服务专题应用

针对一些国家重点经济区域提供农业专业服务，例如计划对粤港澳大湾区提供农产品质量安全专题服务，打通农产品进出港澳市场的技术壁垒和绿色壁垒，拓宽华南农产品主产区农产品销售渠道，带动华南地区农业供给侧结构性改革，促进华南地区农民增收、农业增效和农村繁荣。例如针对天津市农委的需求，中心拟联合天津工业大学开展相关的资源生产及技术监测手段服务，摸清家底，调研天津市每个农业用地地块分布及属性、要监测每个地块农业溯源系统及监控系统，同时要开展科学合理的农业规划，使效益最大化。

重点应用 7：全国渔船渔港数据一张图专题应用

针对渔船船位、电子捕捞日志、海洋环境与气象、渔港等数据，按照主题需求进行数据预处理，形成面向渔船、渔港、捕捞生产等主题分析和决策的抽象数据集。通过船位数据聚合分析、渔船实时流向分析、捕捞作业时空分析等数据挖掘过程，形成全国渔船渔港一张图。

第五章　农业科学数据长期保存

第一节　农业科学数据长期保存的意义

随着数字时代的到来，越来越多的信息和文献的发布以数字化的形式出现，数字资源渐渐成为人们使用信息资源的主力军，尤其是学术科研和教学领域工作的开展严重依赖于数字资源。目前，主要高校和研究机构数字科技资源经费占比大多超过六成，更有部分中小型机构的数字科技资源经费占比远远高出六成高达九成以上。但是，这些数字资源规模庞大、增长快速，数据结构繁杂百变，内容组分权属边界不清，获得与使用条件繁琐复杂，如果得不到有效维护和管理，极易被盗取、篡改和破坏，或因数字技术的飞速进步、存储设备过时、读取设备淘汰而无法被后代利用，对如何安全可靠地长期保存和持续高效地利用它们带来了极大的挑战。

用户对数字资源需求的多元化，数字资源管理技术的创新化以及语义网的复杂化逐渐成为推进数字资源整合发展的核心动力。在数字技术发展迅速、用户需求多变的新的时代背景下，数字资源的长期保存问题既是各国图书馆和相关数字信息平台极其关注的战略问题，也上升为一个全球关注的重点问题。自2004年至今，数字资源长期保存国际会议已经召开14届。该会议是世界范围内专门研究、交流和推进数字资源长期保存的最主要学术会议，我国是2004年IPRESS首届国际会议的倡议国，同时还主持承办了第四届IPRESS会议，并于2018年5月再次成功申办2020年IPRESS第十七届会议。数字资源长期保存问题已引发越来越多不同国度、不同行业和不同领域学者的共同参与和关注，成为国家科学研究能否良性发展、信息保存与使用效率高低、人类文明传承所共同面对的严峻挑战。

一、农业科学研究的本质需求

对农业生产复杂系统各要素变化、要素间相互关系进行科学观察、观测和记录，获取和掌握我国农业产前、产中、产后的数据资料，科学分析和预测我国农业生产现状和发展趋势，阐明系统变化内在联系及规律的科学活动，对促进农业科技创新、指导农业生产、保障国家粮食安全和政府科学决策具有重要的意义。农业长期观测数据为农业科学发展做出了重要贡献。目前世界上持续60年以上的农业科学观测站有30多个，其中最著名的有英国洛桑实验站，1843年由John Bennet Lawes在英国建立了洛桑实验站，2002年12月更名为洛桑研究所有限公司。迄今为止，研究所已有170多年的历史，是世界上最古老的农业研究站，又被称为“现代农业科学发源地”。化学家Joseph Henry Gilbert与John Bennet Lawes保持了57年的合作，他们一起为现代农业科学奠定了基础。1843年，他们联合进行了一系列的长期田间试验，一些试验至今仍在继续。这些试验的主要目标是研究有机和无机肥料对作物产量的影响，被称为“经典田间试验”，对今天科学家来说是一份日益宝贵的试验资源。1900年“经典田间试验”积累了大量的数据，需要有一个完善的统计方法。于是在洛桑实验站诞生了现代统计理论和方法。

美国伊利诺伊大学的摩洛试验站实验区开始于1876年，经过100多年的研究，得出作物轮作并配合施肥时，产量最高并能保持土壤中较高的有机质含量的结论。加拿大科学家利用欧洲地笋和芦苇在加拿大近20年的动态观测数据，揭示了它们传入与时空扩张机制。欧洲科学家利用豚草和大叶牛防风在欧洲的动态观测数据，系统阐明了豚草和大叶牛防风在欧洲时空扩散的动态变化特性，进而发展了综合防控措施，为阻止该物种的进一步扩散以及降低其危害起到了重要作用。南非科学家通过对一种相思树的长期观测，明确了其在南非的扩散动态，进而沿扩散路线选择不同的实验点开展了其生态适应性、繁殖特性的试验，系统阐明了其未来的发生动态与环境因素的关系。

20世纪30—40年代，苏联政府组织开展了大规模的集体农场土壤调查，在绘制苏联土壤分布图和农业化学统计图基础上，选定了典型区域永久性实验农田并建设实验站。1941年，苏联人民委员会决议正式启动Geonet，苏联农业部作为主管部门曾多次就观测工作的任务目标和网络布局调整发布法令条例，该项传统一直延续至今。20世纪60年代Geonet一度组织320多个实验站围绕土壤质量和农业化学两大领域开展500多项长期农业化学试验。支撑了苏联土壤-农业化学区划并解决了农业大规模投入农用化学品的理论、实践问题。

苏联解体后，俄罗斯农业部与俄罗斯农业学院成为了 Geonet 联合主管部门，2001 年，二者通过联合令对 Geonet 功能定位和管理机制进行了重塑：建立了“Geonet 科学方法委员会-区域协调中心-观测实验站”三级网络结构，特别建立了跨部门常设机构 Geonet 科学方法委员会负责全网络长期定位观测实验的建立、改进与终止，并通过批准执照的方式对观测实验站进行备案管理；建立了区域协调中心，协助主管部门开展业务指导、布局调整、年报收集、会议筹办、数据库建设等工作；观测实验站负责按照既定方案开展实验、观测和分析工作，并按照要求提交数据、保存样品、编写报告。

我国农业生态和资源丰富多样，有世界独一无二的青藏高原、中纬度温带干旱农区和典型的季风气候，很难直接借鉴国际上已有的科学发现和技术创新成果来解决中国农业问题。当前我国的农业资源利用率很低、水资源短缺问题日益突出、农业面源污染形势严峻、有效耕地面积减少、耕地质量下降，农业生产总体呈现结构性、复合性、区域性等特征，资源与环境等问题对农业生产快速发展的制约和影响日渐突出，但对许多相关问题仍缺乏深刻的科学认识，必须通过长期动态观测和定位实验研究，系统辨识和评估农业生产面临的主要问题，科学预测其发展趋势，探索解决问题的准确途径和最佳调控措施。

二、农业科学数据长期保存的必要性

在互联网环境下，数据资源易于拷贝、篡改，提升了农业科学数据的管护难度。在数据采集和加工中，对数据的二次开发以及共享均面临着知识产权问题，如复制权、发行权、网络传播权等，以上都要在科学数据管护中加以治理、解决。众多科研组织仍在不断探索、完善自身的数据管护方案，推动农业科学数据共享，作为有代表性的科研管理难题主要有以下 4 个方面。

（1）政府及国家层面的科学数据保存与共享主要针对国家层面的跨国合作或国际联盟的超大型科研项目。以中国农业科学院为例，通常由科研团队负责项目，由项目负责人或者项目团队中的一个人负责数据管理，因此需要侧重对这些农业科学数据进行有效的管护和利用。

（2）对于科研人员的小型项目产生的分散数据，存储方式混乱随意，缺乏专业数据管护专员。农业科学数据涉及领域众多，形式复杂多样，缺乏数据管理系统，数据资源无法长期保存。

(3) 科研机构数据资产管理的必然要求。科学数据目前已经归属于科研产出范围，与期刊文献相同，是重要的资产。科研机构有义务提供科学数据的管护，包括存储、传播与长期保存。目前科研机构的科学数据管护机制尚需要完善。

(4) 科研人员的需求。科研人员在项目开始即需要考虑数据管护问题，自身制定的数据管理计划更能契合本学科的切实需求。项目启动阶段，也是对应科学数据管护的启动阶段。而国家级或学科领域的数据中心则更注重项目结束后的数据管护。根据科学数据在农业不同领域方向的科研活动中不同阶段的特征，符合农业科学数据管护特征的研究并不充分。

综上所述，农业科学数据的数量越来越大，但对于其管护一直尚未有效开展。调查显示，国内近 70%的研究人员均遭遇过科学数据丢失或被损毁，除去设施设备故障、病毒侵袭等客观因素，研究者对科学数据保护意识淡漠、缺乏数据备份等主观原因也依旧存在。在生物学领域，科研工作者收集的科学数据生命周期相对较短，很快便消失，很难被其他科研团队所利用。

现在的科学数据通常在高等院校、科研机构的科研团队中各自保存，各机构、单位之间的科学数据、单位内部的科学数据几乎得不到有效共享，因此数据之间的关联价值得不到挖掘，跨单位、跨团队的科学数据的获取存在困难，其利用率得不到有效的保障。如何对科学数据进行科学有效的管护，以期发挥最大的效用，是亟待解决的核心问题。

第二节　农业科学数据长期保存工作的内容

一、长期保存系统原则

数字技术改变了人类的生活方式，同时也带来了新的挑战。由数字技术支撑的数字信息，与传统的文献信息相比，在其自身的存储、传输和持久保存方面存在着一系列与生俱来的问题，数字信息保存与传统文献信息的保存也存在着重大差别。数字信息的存活和使用必须要得到特别的维护和管理，数字保存既是通过一系列对数字信息进行持续管理和维护的活动，来确保数字信息长期存活，也是保证数字信息真实可信，能够被未来的使用者所理解和应用。

美国佛罗里达图书馆自动化中心（Florida Centre for Library Automation,

FCLA）的研究人员 Priscilla Caplan 所提出的数字保存金字塔模型，较为清楚地解释了数字保存活动所要达到的层次目标。数字资源保存被定义为一组活动，因此最容易通过询问这些活动的目的来实现。尽管有争论的余地，但大多数人都同意的一组核心目标包括确保数字信息的可获得行、可标识性、完整性、持久性、可呈现行、真实行和可理解性，保存模型见图 5-1。

图 5-1　长期保存系统目标需求

二、农业科学数据质量评价

国家农业科学数据中心通过《农业大数据学报》探索科学数据出版，已完成数据论文质量评价指标体系设计。指标围绕数据质量和论文质量两个维度设计，分层分级地对指标进行细化。从数据存储、数据查看、数据质量与丰度、数据一致性 4 个维度进行评价，实现了数据质量评价指标的可操作化。

质量控制是数据出版的重要方面和关键环节，制定数据论文质量评价指标体系是实现质量控制的有效手段，初步构建了数据论文质量评价指标体系，以指导数据论文评审，加强数据出版质量控制。

1. 背景和意义

首先，对数据出版中科学数据论文质量评价指标体系进行分级设计，可以提高同行评审过程中数据的可见性，改进编辑和同行评审服务。其次，促进数据开放共享，实现数据的可获取、可理解、可评估以及可重用的目标。最后，制定完善质量评价指标体系、运用适合的质量评价方法有助于保障数据质量，提高数据出版及传播的最终价值，促进我国数据出版的可持续发展。

2. 体系设计

当前大多数数据期刊以传统期刊同行评议模式为基础，制定了相应的评价标准，但公开性较弱，尚未形成针对数据论文的统一的评价体系。具体到农业大数据领域，农业大数据既具有大数据的数据量大、处理速度快、数据类型多、价值大等普遍性特征，还具有农业领域独有的特征，如涉及领域广、跨越周期长、采集难度大。基于当前国内外数据出版中主要期刊的科学数据质量评价指标体系，结合农业大数据自身的特点，对农业大数据领域数据论文质量评价指标体系进行初步设计，并分层、分级地进行指标细化。

数据论文既具有传统学术论文的普遍性特征，又有其自身的特点。因此，需要结合论文质量和数据质量两方面对数据论文进行质量评价。在数据质量方面，以 FAIR“科学数据管理的指导原则”为基本原则，将数据质量的评价指标进行操作化，从数据存储、数据查看、数据质量与丰度、数据一致性 4 个维度进行评价，其中，数据质量与丰度又细分为数据格式与标准、方法描述详尽程度、数据完整性与丰度和质量控制与评估 4 个指标。评价指标的具体要求见表 5-1。

表 5-1　科学数据质量评价指标体系

评价项目	评价指标		具体要求
数据质量	数据存储	存储位置	数据存储在可靠且适合的存储库中
		标志符	要求提供数据集存储的永久性标志符
	数据查看	可访问	该数据集可以访问和查看（便于读者快速阅览，且包含主要元数据信息的预览展示页面）
		相关信息	用于查看数据的软件应提供包括版本信息在内的相关信息等
	数据质量与丰度（完整性）	数据格式与标准	数据格式和数据结构（包括产生、测试和处理数据集的所有变量和参数）恰当合理，符合业内标准
			数据格式规范，数据可视化图标清晰
			引用他人数据记录符合数据共享与利用指南
		方法描述详尽程度	数据生产的试验设计、数据采集和处理方法严谨、合理
		数据完整性与丰度	根据作者的研究内容，数据的深度、范围、大小及（或）完整性应充分覆盖，数据值应落在预期范围内
		质量控制或评估	该数据不应该含有明显的错误
			提供关于数据质量方面可信的技术验证试验、数据质量统计分析及误差分析，如异常值的识别与处理、参考标准的校对、误差数据及相关精度、连续性数据中的缺失断点等情况

（续表）

评价项目	评价指标		具体要求
数据质量	数据一致性	逻辑一致性	数据论文相关描述及数据实体与研究的逻辑一致
		描述一致性	数据集与数据论文中的描述一致

第三节　农业科学数据学科体系

科学数据已经成为当前国际竞争的战略高地，深刻影响着各国的经济发展、国家安全、科技进步和综合竞争力。近年来，随着一系列重大科学工程、国家科学数据共享服务平台等持续运行服务，我国科学数据开放共享的成效特别是驱动创新型国家建设的作用日益凸显；同时，科学数据安全问题也日益严峻，“边共享边保护”的实践遇到了前所未有的挑战和诸多新问题。国内外对于科学数据共享与数据安全之间的博弈关系也出现了新的现象，急需全面加强科学数据安全的系统研究、标准体系及基础标准的研制和实施，以消除当前研究深度不够、安全标准缺失等对科学数据可控开放和充分共享带来的不良影响，促进《科学数据管理办法》的全面实施，充分发挥科学数据驱动创新型国家建设的引擎作用。

国家农业科学数据中心已经运行20多年，积累了可观的数据资源。中心适应工作需求，不断完善数据资源分类体系。以前使用基于中图分类法作为资源分类体系，之前的学科数据集涵盖了作物科学、动物科学与动物医学、草地与草业科学、渔业与水产科学、热作科学、农业科技基础、农业资源与环境科学、农业微生物科学、农业生物技术与生物安全、食品营养与加工科学、农业农村经济科学、农业工程12个重点学科领域的科学数据。在作物科学领域数据有作物遗传资源、作物育种、作物栽培、作物生理生化、作物分子生物学、作物生产等数据资源，建成了国内作物遗传资源领域数据最为全面、最为权威的作物遗产资源特征评价鉴定数据库。在动物科学领域数据有饲料成分及营养价值、国际饲料、饲料实体、动物营养需要量等数据资源，实现了国内外最为全面系统的饲料营养价值评定体系变化及评定数据的积累。在草地与草业科学领域数据有天然草地、饲料和牧草、草业生产经济、草地畜牧业、草原区生态背景、草业监测管理等数据资源，实现了第一次草地普查数据等分散、濒临丢失的数据抢救、收集与加工管理工作，确保我国草业科学数据的持续建设与价值挖掘。在农业资源与环境科学领域有农业资源综合区划、农业生态与环境、农业土地利用、农业区划规划与生产布局、农业遥感监测、农业土壤、植物营养与肥料、农业水资源、农业气象等数据资源，完成了我国唯一的、完整和系统的农业资源信息与区划成果的数据积累。在渔业与水产科学领域有渔业水域资源与生态特征数据、渔业物种资源与生物基础数据、渔业生物资源野外调查数据、渔业生态环境野外调查数据、水产养殖数据、捕捞渔业及管理数据、渔业装备与设施技术数据、渔业基础设施状况数据、渔业科技与经济管理等数据资源，形成了渔船渔港数据资源、水域资源监测类资源等优势资源。随着农业科研和生产的发展，该资源体系在适应性上开始凸显不足。

2020 年，国家农业科学数据中心组织人力对现有资源进行摸底梳理，同时参考科学数据用户具体需求，中心对本领域数据资源目录信息进行重新编制，新增了一级目录“农业工程”，包括“农业机械”“灌溉工程”两个子目录；新增“农业微生物科学-资源”子目录，形成具体目录如表 5-2 所示。归并总结出 14 大类 54 小类的全新资源分类体系。应用新的资源分类体系后，不仅科学数据资源分类更加明晰，也方便了用户进行索引和检索。农业科研和生产高速发展，数据资源分类体系需要随时进行微调以适应新的需求，为了从组织制度上保障数据资源分类体系的及时更新，中心专门设立专职数据资源小组，定期审定资源体系，保证及时更新。

表 5-2　农业科学数据资源体系

一级分类	二级分类
作物科学	作物种质资源
	作物遗传育种
	作物耕作与栽培
	作物分子生物学
动物科学与动物医学	动物种质资源
	动物营养与饲养
	动物医学
	动物分子生物学
热作科学	热带作物种质资源
	热带作物遗传育种
	热带作物耕作与栽培
	热带作物分子生物学

（续表）

一级分类	二级分类
渔业科学	渔业种质资源
	渔业遗传育种
	渔业水域资源环境
	水产养殖
	海洋与渔业捕捞
	渔业分子生物学
草地与草业科学	品种资源与遗传育种
	草地资源
	草业生产
	草地监测
农业资源与环境科学	农业土壤学
	植物营养与肥料学
	农业水资源学
	农业气象学
	农业生态与环境学
	农业土地利用
农业区划科学	农业规划与生产布局
	农业遥感
植物保护科学	农作物病虫害
	杂草鼠害
	生物防治
	植保生物技术
农业微生物科学	资源
	光合固氮
	杀虫抗病
	动物病原
	环境微生物

（续表）

一级分类	二级分类
食品营养与加工科学	加工储运
	营养安全
	食品工程
	品质监管
	经营管理
农业工程	农业机械
	灌溉工程
农业农村经济科学	生产经济
	技术经济
	资源经济
	贸易价格
	发展经济
农业科技基础	政策法规
	科技成果
	科技机构
	科技人才
	科技项目
果树科学	园艺科学
	植物保护
	农产品质量与加工
生物安全	转基因
	外来物种安全
	植物疫病
	动物疫病

第四节　农业科学数据安全分级分类

《科学数据管理办法》（国办发〔2018〕17号）明确要求各领域对科学数据进行分级分类管理，农业农村部也制定了农业科学数据相关管理办法。由于农业科学数据包含的学科领域众多，不同数据涉及粮食安全、种子安全、生物安全、经济安全等情况复杂，必须根据数据的重要程度和涉及的安全问题情况进行分级管理。为解决目前存在的科学数据安全管理“一刀切”问题，实现《科学数据管理办法》提出的科学数据分级分类管理提供基础性技术支撑，在通用科学数据安全分级分类基础上，建立农业科学数据安全分类分级方法和标准，并在国家农业科学数据中心开展示范应用。

目前，农业科学数据，特别是原始数据，还大量分散在各研究机构，国家农业科学数据中心还难以实现对农业科学数据的集中统一管理。由于数据定级的标准和程序缺乏，使得各机构实施科学数据安全分级时采取的分级标准和定级流程存在较大差异，最终影响了分级结果的准确性，造成极大的安全隐患，急需对农业科学数据定级程序进行规范并制定相应标准。

作为新时代传播速度最快、影响面最宽、开发利用潜力最大的战略性、基础性科技资源，科学数据已经成为当前国际竞争的战略高地，深刻影响着各国的经济发展、国家安全、科技进步和综合竞争力。数据安全事件频发，列举如下。

（1）数据被窃取、被滥用、被误用严重，据 2018 年全球信息安全调查显示绝大多数数据安全事故均是由人的不安全行为引发的，随着科学数据在国家创新体系中的发挥显著作用，科学数据安全日益显著处于不安全状态。

（2）我国科学数据流失严重，我国学者在国外发表论文，国际上很多有影响力的杂志要求论文发表前必须提交支撑论文的基础科学数据，学者为了发表论文常常在国内没有汇交到管理机构的前提下向国外提供数据。

（3）我国科学数据开放共享不够理想，距离社会大众的需求还有很大差距，有学者调查研究发现，科学数据的权益不清是重要影响之一，科学数据持有者担心开放共享其数据后带来权益纠纷等不良影响。

一、农业科学数据安全分类

针对新时期科学数据管理和利用中的安全挑战，如安全事件层出不穷、数据泄露途径多元化和复杂化，给国家安全、企业资产和个人隐私带来巨大挑战，传统数据安全以抵御攻击为重点、以黑客为防御对象的策略和安全体系构建存在重大的安全缺陷问题等。面向《科学数据管理办法》的全面实施，全面加强科学数据安全的系统研究，为科学数据开放共享提供安全保障和权益认定，同时加大科学数据安全标准体系的建设，研制系列基础科学数据安全技术标准，为解决上述问题提供理论、标准、技术和实践的保障，消除当前研究深度不够、安全标准缺失等对科学数据可控开放和充分共享带来的不良影响，充分发挥科学数据驱动创新型国家建设的引擎作用。

《科学数据管理办法》中明确要求按照“分级分类管理，确保安全可控”原则，依法确定科学数据的密级和开放条件，加强科学数据共享和利用的监管。中心在运行过程中，结合农业科学数据安全管理要求以及管理现状，按照科学性质和可共享性制定了《分类分级规范》，在数据管理的实践中，严格遵照规范实施，更合理地开发利用数据，实现了可持续性的数据共享。

1. 实施并完善《分类分级规范》，夯实数据共享应用基础

在国家农业科学数据中心的数据管理实践中，数据来源越来越广泛，收集整合的数据资源越来越多样化，为将这些量大面广、类型多样、分散性强的农业科学数据资源进行收集与保存，中心在原有分类分级体系基础上升级建立了一个面向应用、结构合理、准确权威的农业科学数据资源分类分级体系。该体系围绕数据全生命周期进行数据分类分级管理，并实施数据访问管控，数据访问管理和数据产品分级分类并动态互动，从收集到共享应用的全生命周期的数据分类分级管理，对数据进行了明确的界定和划分，夯实了数据充分应用共享的基础。

2. 积极承担国家重点研发计划，制定数据安全分类分级标准

国家农业科学数据中心承担了国家重点研发计划“科学数据安全分级分类框架、等级体系及智能分类技术研究”，按照任务计划，持续推进后继工作。在广泛调研国内外数据安全分级分类标准规范、数据安全分类方法的基础上，重点分析了美国、英国、日本、欧盟等国家和组织的数据安全保护法规、管理实践和美国受控非涉密数据安全分类实践，结合农业科学数据管理实践，深入分析了农业科学数据内涵特点和数据形态特征，不同科学研究阶段数据形态特征和数据价值、安全需求特点，不同数据生命周期面临的安全风险差异等外部因素和内部特征，确定了数据分类种类、分类准则以及分级方法，研制了适应科学数据全生命周期安全需求的农业科学数据安全分类分级的标准。

农业大数据交换过程安全管控措施包括但不限于以下各项。

（1）建立明确的数据开放和共享场景，确认没有超出共享数据的使用权限和使用范围。

（2）确认开放和共享的数据内容，确保数据内容满足业务场景需求的最小范围。

（3）提供有效的数据共享访问控制机制，明确不同机构或部门、不同身份与目的的用户权限，能提供的共享数据范围、周期、数量等。

（4）对共享数据的使用者提出明确的数据安全防护要求，在共享数据前需对使用者进行数据安全风险评估。

（5）建立数据共享审批流程，明确共享数据内容、交接方式以及应用范围等，未经组织机构正式审批，不得向他人或外部组织机构泄露、出售或者非法提供组织机构内部数据。

（6）建立数据公开发布的审批制度，明确数据公开的内容及范围。

（7）明确数据接口安全控制策略，明确规定使用数据接口的安全限制和安全控制措施。

（8）应明确数据接口安全要求，包括接口名称、接口参数等。

（9）应与数据接口调用方签署合作协议，明确数据的使用目的、供应方式、保密约定、数据安全责任等。

（10）审计数据交换过程，审计记录应能对安全事件的处置、应急响应和事后调查提供帮助。

二、农业科学数据分类原则

数据分类就是把具有某种共同属性或特征的数据归并在一起，以供统一的安全管理和维护。数据分类的基本原则如下。

1. 科学性原则

按照数据的多维特征及其相互间逻辑关联进行科学和系统的分类，按照数据的保密性、完整性、可用性等确定数据的安全等级。

2. 实用性原则

数据分类要符合数据分类的普遍认识，同时要考虑现有数据资源的实际情况，保证每个类别都要有明确的数据。

3. 稳定性原则

数据分类方法要求在相当长的一段时期内是稳定可靠的，不会随着数据资源的增长和更新而导致分类方法的重大变化。

4. 可扩展性原则

数据分类方法在总体上应有统领性和兼容性，能够针对各种类型的数据进行分类，并且要满足未来可能出现的数据分类要求。

三、农业科学数据安全分级原则

数据安全分级是按照数据遭受破坏后造成的影响进行安全等级划分，以达到对不同安全等级的数据实施不同安全防护的目的。数据安全分级应满足如下原则。

1. 依从性原则

安全级别划分满足相关法律、法规及监管要求。

2. 可执行性原则

避免对数据进行过于复杂的分级规划，保证数据分级使用和执行的可行性。

3. 时效性原则

数据的分级具有一定的时效性。数据的安全级别可能因时间变化而发生改变。

4. 自主性原则

各类农业组织可根据自身数据管理需要（例如战略需要、业务需要、对风险的接受程度等），在遵循安全分级的前提下，自主确定更多的数据安全级别，但不能将高敏感度级别定为低敏感度级别。

5. 合理性原则

根据农业科学数据的实际安全管理需求，将数据适当地、均匀地划分到各个安全级别中。

四、科学数据安全分类框架

科学数据安全分类框架由多个维度的多级分类标签构成。在实施安全分类时，可根据科学数据的不同特点和安全管理需求，选取一个或多个分类维度，再根据实际情况选取一级或多级分类标签对数据进行分类标注。科学数据安全分类框架如下表所示。

表 5-3　科学数据安全分类框架

分类维度	一级分类标签	二级分类标签
安全属性	国家安全	政治安全
		国土安全
		军事安全
		经济安全
		文化安全
		社会安全
		科技安全
		信息安全
		生态安全
		资源安全
		核安全
		生物安全
	公共利益	公共卫生
		社会秩序
		公众政治经济权利
	组织权益	生产经营
		声誉形象
		公信力
	个人权益及人身安全相关	个人隐私
		个人经济权益
		人身安全
数据形态	原始采集	
	研究成果/数据处理	
	数据归档	
安全管理	重要数据保护	
	数据出境管理	
	个人信息保护	
	数据权益保护	
	无特定安全管理要求	
共享方式	完全开放	
	国际共享	
	国内共享	
	机构间共享	
	机构内共享	

在农业科学数据全生命周期中，将农业组织可能对数据实施的操作任务的集合，即活动划分为：数据采集、数据传输、数据存储、数据处理、数据交换以及数据销毁等。

1. 数据采集

农业组织进行数据获取的行为，获取途径包括农业传感器、用户提交报告、线下获取、农业内部系统运维与日志数据收集等方式。数据采集的过程包括但不限于：数据分类分级、数据采集安全管理、数据源鉴别及记录、数据质量管理。

2. 数据传输

数据在农业组织内部不同系统之间进行流动，以及用户与系统之间数据流动。如：农田中传感器收集到的数据通过网络传输到数据中心。数据传输安全包括但是不限于：数据传输加密、网络可用性管理。

3. 数据存储

农业科学数据的储存活动，包括结构化数据存储、非结构化数据存储以及半结构化数据存储。例如，水稻当月进出口数量的结构化数据存储、农田遥感影像的非结构化数据存储、电子政务信息基于 XML 的半结构化数据存储。数据传输安全的过程包括但是不限于存储媒体安全、存储逻辑安全、数据备份与恢复。

4. 数据处理

通过格式转换、脱敏处理、数据分析、数据可视化等一系列活动的组合，从数据中心提炼有价值的信息的操作。例如，根据原始的农产品批发价格数据生成“农产品批发价格 200 指数”。数据处理安全的过程包括但不限于数据脱敏、数据分析安全、数据正当使用、数据处理环境安全、数据导入导出安全。

5. 数据交换

在农业组织内部角色、外部实体或公众等之间传递原始数据、处理的数据等不同形式数据的活动。例如，农业农村部数据平台上每月猪肉批发价格需要通过农业农村部和地方的数据交换才能获取到。数据交换安全的过程包括但不限于数据共享安全、数据发布安全、数据接口安全。

五、农业科学数据安全分级准则

农业科学数据分级根据数据遭受破坏后所造成的影响等从高到低分为 5 级、4 级、3 级、2 级、1 级 5 个指导性的分级初始值，各级判断准则如下。

1. 5级数据判断准则

数据遭受破坏后，对国家安全产生较大影响的农业数据，通常包括地形地貌、遥感影像、气候资源等；数据安全性遭到破坏后，对公众权益或农业企业利益造成严重影响，如科技成果、转基因库等。

2. 4级数据判断准则

数据遭到破坏后，对公众权益造成一般影响，或对个人隐私或农业企业合法权益造成严重影响，但不影响国家安全，如农业科研项目投资、农业金融与投资等。

3. 3级数据判断准则

数据用于部分场景使用，一般针对特定人员公开，且仅为必须知悉的对象访问或使用，如产品追溯、产地追溯等；数据遭到破坏或数据安全性遭到破坏后，对公众权益造成轻微影响，或对个人隐私或农业企业合法权益造成一般影响，但不影响国家安全，如种质资源等。

4. 2级数据判断准则

只对部分受限用户公开，通常指内部管理且不宜广泛公开的数据，如农业区划等；数据的安全性遭到破坏后，对个人隐私或企业合法权益造成轻微影响，但极小影响国家安全、公众权益，如农产品质量追溯等。

5. 1级数据判断准则

数据一般可被公开或可被公众获知、使用，如组织机构等；农业组织或农业科学数据管理者主动公开的信息，如生产许可等。数据遭到破坏或数据安全性遭到破坏后，可能对个人隐私或农业企业合法权益不造成影响，或仅造成微弱影响，但不影响国家安全、公众权益，如商品信息等。

第五节　农业科学数据长期存储系统

国家农业科学数据长期存储系统（以下简称长期存储系统）是为了实现PB级农业科学数据对象的长期安全存储，为国家科技计划项目形成的科学数据支撑数据的长期保存提供一流的仓储。

长期存储系统整体分为前后端两部分：后端保存系统、前端展示系统。保存系统主要用于与其他业务系统进行后台数据同步，不直接对外提供服务；展示系统主要用于对外展示保存系统内的元数据信息，提供简单的检索和查看，也提供可供其他系统调用的数据接口。

展示系统架构（网址：https：//asda. agridata. cn/）。展示系统基于自行开发，作为外部环境与保存系统之间的桥梁。对外展示的系统界面有 3 个，即首页、资源检索页、资源详情页。

一、系统首页

首页界面如图 5-2 所示：首页顶部导航栏的检索可以按照资源名称进行基础检索，在文本框中输入关键词后点击“搜索”按钮，将跳转到资源检索页查看检索结果列表。

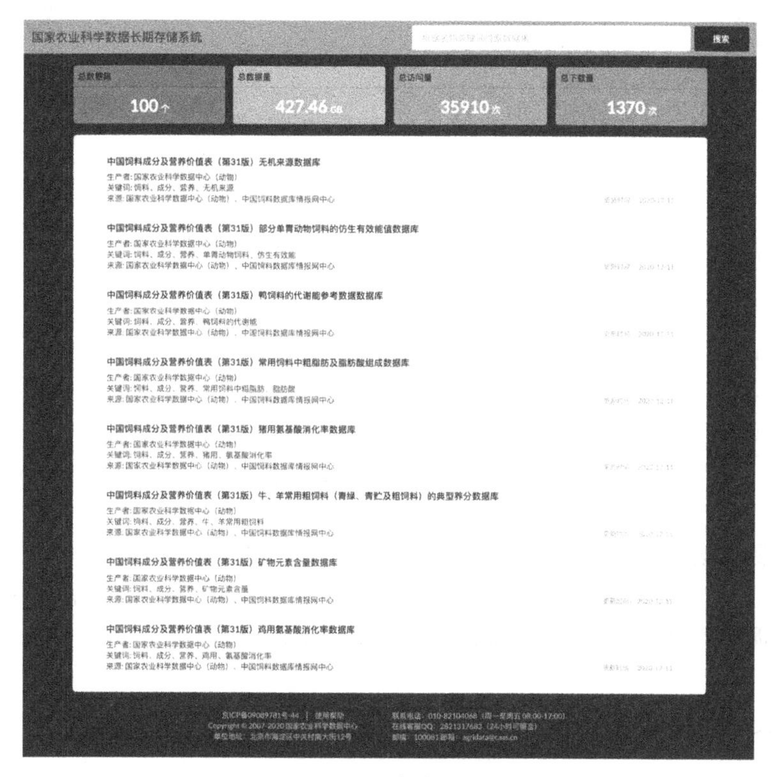

图 5-2　系统首页界面

首页主界面展示了 4 项统计信息和几条最近更新的资源。点击资源名称可跳转到对应资源详情页查看资源元数据信息。

二、资源检索页

资源检索页界面如图 5-3 所示。

图 5-3　资源检索页界面

资源检索页提供了高级检索功能，顶部展示了时间、地区、来源 3 个维度的可选值，点击“高级检索”按钮，检索结果将以列表的形式呈现在下方。点击资源名称可跳转到对应资源详情页查看资源元数据信息。

三、资源详情页

资源详情页界面如图 5-4 所示，资源详情页展示某个资源元数据信息。

国家农业科学数据长期存储系统
搜索
中国粮食生产情况数据库
数据简介
数据来源
原数据
数据引用说明
数据简介
数据来源
中国农业科学院农业信息研究所
元数据
数据库名称：
英文名称：The database of China annual grain production circs
所在机构：
资源来源：中国农业科学院农业信息研究所
科技资源标识：CSTR:17058.11.A0007.20210531.00.ds.0343
关键词：
生产者：
数据发布时间：2008-12-31
数据创建时间：2008-12-31
涉及区域：中国
数据大小：1.03MB
数据介绍(描述)：
联系人：
地址：
单位：
数据引用说明
数据引用说明：
数据引用参考规范：
致谢：
(http://www.agridata.cn)
英文：Acknowledgement for the data support from National Data Center for Agricultural Scientific, National Science & Technology Infrastructure of China (http://www.agridata.cn).

图 5-4　资源详情页界面

第六章　农业科学数据共享

第一节　农业科学数据共享的类型

科学数据共享是指科学数据不受其拥有单位的限制而可以在更大范围内被利用的一种业务合作与共享方式（图书馆·情报与文献学名词审定委员会，2019）。农业科学数据共享的形式可分为农业科学数据共享平台和农业科学数据出版（赵瑞雪，2019）。农业科学数据共享平台可促进数据的长期保存，帮助科技工作者有效地管理数据、统一数据的引用标识符、提高数据的可发现性。科学数据出版可为数据引用提供标准的数据引用格式和永久访问的地址。科学数据的出版不仅仅是简单的数据发布，更是将数据作为一种重要的科研成果，从科学研究的角度对科学数据进行同行评审和数据发表，以创建标准和永久的数据引用信息，供其他科学论文引证（王巧玲，2009）。通过科学数据出版可将科学数据通过互联网进行公开共享，支持数据提供者之外的研究人员或机构再利用（Tony H，2009）。

一、农业科学数据共享平台

欧美国家和国际农业机构较早地开展了农业科学数据共享平台的建设。在国内，国家农业科学数据中心经过近 20 年的积累与发展，作为国家 20 个科学数据中心之一，已成为全国农业领域科学数据资源涉及学科最广、数据量最大、辐射能力最强的农业科学数据资源共享与服务平台，国内外主要的农业科学数据共享平台情况详见表 6-1。

表 6-1　农业科学数据共享平台（赵瑞雪，2019）

序号	平台名称	维护机构	网址	主要服务内容
1	FAO 统计数据	联合国粮农组织统计司、贸易及市场司以及 FAO 技术部门	http：//www. fao. org/statistics/databases/en	提供粮食安全、经济、农业环境、生产和贸易、世界农业普查等方面的统计数据的查找、浏览与下载服务
2	美国农业农村部数据中心	美国农业农村部	https：//www. usda. gov/topics/data	提供自然灾害、农田、食物与营养、林业、健康和安全、植物、农村、贸易等方面的数据查询、检索、浏览和下载等服务
3	全球生物多样性数据中心	GBIF 秘书处、各成员节点	https：//www. gbif. org/dataset/search	提供全球生物物种信息的检索、查询和下载等服务
4	联合国环境规划署环境发展数据中心	联合国环境规划署及其成员国	http：//geodata. grid. unep. ch	提供农产品、气候、经济、化肥和农药、消费与生产、健康、土地、海洋和沿海地区等数据的查询和检索服务，还提供数据下载服务，数据类型包括地图、图表和数据表等
5	世界数据中心-土壤中心	国际土壤参考资料和信息中心（ISRIC）	https：//www.isric.online	提供全球各地土壤数据的共享服务，并对数据引用做出明确规定
6	全球变化总目录（Global Change Master Directory）	国家航空和宇宙航行局（NASA）	https：//gcmd. nasa. gov/KeywordSearch/Keywords. do? Portal = GCMD&KeywordPath = Parameters%7CHome&MetadataType = 0&Columns = 0	提供农业领域数据发现和免费数据集处理工具查找等服务，数据查找主要是发现和获取数据集的描述，即元数据信息，其中涉及农业领域数据集 2 400 多个
7	美国国家环境信息中心	美国国家海洋和大气局卫星信息服务处	https：//www. ngdc. noaa. gov	提供公众获取国家地球物理数据和信息的服务。提供服务的数据包括全球水深测量、地球观测群、海洋地质与地球物理、自然灾害数据、空间气候等
8	NASA 社会经济数据和应用中心	哥伦比亚大学地球研究所	http：//sedac. ciesin. columbia. edu/data/collection/povmap/about	提供贫困和不平等方面的数据共享服务，如高空间分辨率的国家以下各级贫穷和不平等估计数，供人们用于贫穷、不平等和环境等领域的跨学科研究
9	戈达德地球科学数据和信息服务中心	美国宇航局戈达德太空飞行中心	https：//disc. gsfc. nasa. gov/information? page = 1&keywords = agriculture	提供地球科学数据共享服务，其中涉及农业领域的科学数据集 196 个，可在线浏览、检索和下载

（续表）

序号	平台名称	维护机构	网址	主要服务内容
10	遗传资源共享中心（日本）	日本国家遗传学研究所	http：//shigen. nig. ac. jp/shigen/about/database.jsp	提供生物信息学研究领域细胞、实验动物、作物、豆类、微生物等方面研究数据的查询、检索和下载等服务
11	NCBI 数据库	美国立生物技术信息中心（NCBI）	https：//www. ncbi. nlm. nih.gov/guide/all	提供 Nucleotide、Genome、PopSet、Structures、Taxonomy 等数据库的检索和数据获取服务
12	Dryad 数据库	美国国家自然基金会	https：//datadryad.org	提供与科学数据出版物相关的的科学数据下载和重新利用，学科范围主要涵盖生物、医学等领域，数据类型包括文本、图像、表格、音频、视频等，排除经期刊编辑部允许，暂时限制使用的数据
13	国家农业科学数据中心	中国农业科学院农业信息研究所	https：//www.agridata.cn	提供作物科学、动物科学与动物医学、草地与草业科学、渔业与水产科学、热作科学、农业科技基础、农业资源与环境科学、农业微生物科学、农业生物技术与生物安全、食品营养与加工科学、农业农村经济科学、农业工程 12 大类农业科学数据服务
14	林业科学数据中心	中国林业科学院资源信息研究所	http：//www.cfsdc.org	提供森林资源、生态环境、森林保护与培育、材料科学等主体的科学数据资源的汇交、检索等服务
15	国家农作物种质资源平台	中国农业科学院作物科学研究所	http：//www.cgris.net	提供作物种质资源（又称品种资源、遗传资源或基因资源）的共享服务
16	国家水稻数据中心	中国水稻研究所	http：//www.ricedata.cn	提供中国水稻品种及其系谱数据、水稻功能基因数据等的共享与服务
17	江苏省农业种质资源保护	江苏省农业科学院	http：//jagis.jaas.ac.cn	提供农作物、水产、家养动物、林木资源等种质检索、系谱追溯等服务
18	水稻品种DNA 数据库	湖南省农业科学院水稻研究所	http：//220. 169. 58. 102/ricedb.nsf	主要提供水稻品种 DNA 指纹数据的查询、检索、标志核对等服务

（续表）

序号	平台名称	维护机构	网址	主要服务内容
19	家养动物种质资源平台	中国农业科学院北京畜牧兽医研究所	http：//www.cdad-is.org.cn	提供的服务内容包括猪、鸡、牛等畜禽，以及狐狸、鹿、貂等特种经济动物的活体、遗传物质和信息资源
20	中国动物主题数据库	中国科学院动物研究所、中国科学院昆明动物研究所、中国科学院成都生物研究所等	http：//www.zoology.csdb.cn/page/index.vpage	提供动物学研究领域的基础数据服务，包括脊椎动物代码数据库、动物物种编目数据库、动物名称数据库、中国动物志数据库、濒危和保护动物数据库等
21	中国饲料数据库	中国农业科学院北京畜牧兽医研究所	http：//www. chinafeeddata.org.cn	提供中国饲料成分及营养价值、外国饲料成分及营养价值数据，以及饲料样本数据、实体数据、动物需要量等数据服务
22	中国植物主题数据库	中国科学院植物研究所	http：//www.plant.csdb.cn	提供植物名称数据、植物图片数据、文献数据、药用植物、化石名录数据、化石标本数据等查找、检索等服务
23	中国植物物种信息数据库	中国科学院植物研究所	http：//www.plant.csdb.cn	提供植物名称数据、植物图片数据、文献数据、药用植物、化石名录数据、化石标本数据等查找、检索等服务
24	中国植物物种信息数据库	中国科学院昆明植物研究所	http：//db.kib.ac.cn	提供查询植物数据、植物名称信息，掌握药用植物、食用植物、经济植物、花卉观赏植物、云南高等植物信息以及植物分布情况的详细信息等的服务，该数据库还包含了中国种子植物科属电子小词典和中国西南野生生物资源种质数据库
25	植物园主题数据库	中国科学院武汉植物园、中国科学院西双版纳热带植物园、中国科学院华南植物园	http：//www. plantpic. csdb.cn	集成和整合了武汉植物园的数据子库 17 个，西双版纳植物园的数据子库 14 个，华南植物园的数据子库 15 个，数据记录数 1 223 185 条，线描图谱 19 452 幅，彩色图谱 112 864 幅，生境视频 12 287 段，定位数据 82 198
26	生物信息科学数据共享平台	上海生物信息技术研究中心	http：//lifecenter. sgst. cn/main/cn/index.do	提供生物信息数据资源汇交、管理和共享，生物医学数据库发布、托管与维护，生物信息数据分析等

（续表）

序号	平台名称	维护机构	网址	主要服务内容
27	国家微生物资源平台	中国农业科学院农业资源与农业区划研究所	http：//www.nimr.org.cn/indexAction.action	提供微生物资源的整合与共享，功能包括菌种、培养基的检索，以及菌种保藏、菌种供应、菌种鉴定、专属保藏、技术培训等服务
28	国家实验细胞资源共享平台	中国医学科学院基础医学研究所、中国科学院上海生命科学院、中国科学院昆明细胞库等	http：//www.cellresource.cn/content.aspx？id=601	提供组织细胞培养、细胞入库、细胞冷冻保存、支原体检测等服务
29	中国科学院科学数据库生命科学数据网格	中国科学院微生物研究所、中国科学院武汉病毒研究所、中国科学院计算机网络信息中心	www.biogrid.cn/search	提供微生物与病毒的信息资源整合，微生物与病毒基因组数据的浏览和可视化，常规生物信息学分析方法等服务
30	中国生态农业信息数据库	农业农村部环境保护科研检测所	http：//www.cgap.org.cn	提供生态农业基础数据、生态农业法规政策、论文著作、研究成果、区域典型模式和最新研究进展等数据服务
31	中国外来入侵物种数据库	农业农村部外来入侵生物预防与控制研究中心、中国农业科学院植物保护研究所	www.chinaias.cn/wjPart/index.aspx	提供物种信息、物种空间分布、物种调查和多媒体库等的查询功能，以及相关数据库的检索、风险评估、检测监测等服务
32	中国湿地与黑土生态综合集成数据库	中国科学院东北地理与农业生态研究所	www.neigae.csdb.cn	提供中国湿地科学数据，包括湿地专题图件、图片、湿地分布图等数据的浏览与下载服务
33	世界数据中心中国中心	世界数据中心中国国家协调委员会	http：//www.data.ac.cn/wdc/wdc/shiyan	包括地震数据、气象数据、地质数据、再生资源数据、空间数据、地球物理数据、海洋数据等元数据检索、数据集检索等服务
34	中国农业资源信息系统	中国科学院地理科学与资源研究所	http：//data.ac.cn/ny	提供农业八大资源数据库、宏观农业经济数据库、农业资源地图集、中国农业资源分布图集以及其他图形数据库的查找与浏览服务

（续表）

序号	平台名称	维护机构	网址	主要服务内容
35	国家土壤信息服务平台	中国科学院南京土壤研究所	http：//www. soilinfo. cn：8080/WebSoil/aboutWeb-Station.jsp	提供土壤空间数据浏览及模型分析、土壤数据在线申请、土种数据检索、土壤类型参比检索、土壤样品资源检索、私有图层管理等服务
36	北京农业数字信息资源中心	北京市农林科学院农业科技信息研究所	http：//www. agridata. ac. cn/Web/AgriDataBase.aspx	提供宏观农业经济数据、农业资源地图集、中国农业资源分布图集以及其他图形数据库的查找与浏览服务
37	黄河下游科学数据中心	河南大学环境与规划学院	http：//henu. geodata. cn/index.html	提供包括水、土、气、生物资源、灾害、三角洲、湿地、全球变化等学科前沿问题研究数据和黄河流域基础地理数据、乡级单元社会经济数据和水利水保工程数据为主体的数据的查找、检索与订购等服务

二、农业科学数据出版

近年来，因“原始数据丢失，工作无法重复”造成的撤稿事件屡见不鲜。科学数据决定了科学论文的质量，只发表论文不公开研究数据，可能会导致科学研究成果无法复现，不仅降低论文可信度，还可能衍生学术不端等行为。

国际上很多期刊要求作者在学术论文正式发表前公开相关数据，如《自然》（*Nature*）、《科学》（*Science*）、《分子生物学与进化》（*Molecular Biology and Evolution*）、《美国国家科学院院刊》（*Proceedings of the National Academy of Science USA*），这是数据出版的雏形。

2008年国际科学联合会（ICSU）提出了数据出版概念，将数据中心作为数据出版的重要组成部分（何琳，2014）。国际科技数据委员会（CODATA）创建的Data Science Journal即是专门刊登与数据有关文章的数据期刊。目前，我国已创办了几本专门的数据期刊，试点数据论文形式的科学数据出版，如《全球变化数据学报》《中国科学数据》《地球大数据》等。

在农业领域，中国农业科学院农业信息研究所通过《农业大数据学报》探索科学数据出版。该学报是我国农业领域首个综合报道大数据领域相关的理论方法、技术应用、产业发展、实体数据等的专业学术期刊。由农业农村部主管，中国农业科学院农业信息研究所主办。该刊的宗旨是报道国内外数据科学研究领域的新理论、新方法、新成果等最新进展；关注数据业务的创新和运营管理变革；提供该领域学术交流平台。《中国科学数据》是目前中国唯一的专门面向多学科领域科学数据出版的学术期刊，是国家网络连续型出版物的首批试点之一，属于中国科学引文数据库（CSCD）来源期刊。国家农业科学数据中心与《中国科学数据》杂志建立了长期合作的联盟关系，并专门设立了农业科学数据子栏目发表农业领域的数据论文。

国家农业科学数据中心拥有专业管理的服务器集群以及良好的信息安全设施，建成了可支撑 PB 级大数据并行计算环境和 22 兆亿次的高性能计算环境，这些硬件条件为科学数据长期保存提供了强有力的支撑条件。通常情况下科技论文发表后，论文数据便不再使用，汇交至国家农业科学数据中心的数据不仅可为作者或课题组提供长期保存和下载服务，还可以再次发表数据论文，重新发挥数据价值，提升学术影响力。

第二节 农业科学数据的引用

科学数据的引用方式有两种，一种是将数据集作为论文的一种附加文件，另一种是对数据集注册，给每个数据集一个标识符号作为引用来源。目前对农业科学数据的引用广泛使用第二种方式。目前国际上农业科学数据集的引用标识符号主要使用 DOI 系统。2020 年，科技部科技基础条件平台中心依据国家标准《GB/T 32843—2016 科技资源标识》牵头组织 CSTR（China Science & Technology Resource）标识体系建设，这一举措将打破 DOI 对资源标识的垄断。国家农业科学数据中心是我国自主的 CSTR 标识注册机构，被授权开展农业领域的科学数据资源 CSTR 标识赋号工作。

一、数字对象标识符

根据国际数字对象标识符（DOI）基金会发布的 DOI 系统手册了解到以下信息。DOI 系统于 1998 年由国际数字对象标识符（DOI）基金会（由若干出版行业协会发起的非营利性会员机构）创建，之后通过 ISO26324 标准认证。要享有 DOI 注册机构提供的服务，用户可以向该机构注册，亦或通过发展社区来创建服务。现有 DOI 均可免费解析。注册新 DOI 号的费用取决于其使用 DOI 的服务，该 DOI 由注册机构提供。每个注册机构均免费提供符合整体 DOI 政策的商业模型。个体注册机构针对其社区和应用采纳相应的规则。DOI 全称为“数字对象标识符（Digital Object Identifier）”，意为“一个对象的数字标识符”。一个 DOI 号是一个实体在数字网络上的标识符（不是位置）。该系统在数字网络中提供了持久实用的标识，以及被管理信息的互操作性交换。DOI 号可以分配给物质、数字或抽象的任意实体，主要用于相关用户社区的分享或知识产权的管理。DOI 系统的设计面向互操作性，充分发挥已有标识符与元数据方案的作用。DOI 号也可以通过 URL（URI）进行表示。

在数字环境下，唯一标识符（编号）对于信息管理尤为重要。某一环境下分配的标识符，可能在其他地点（或时间）遇到或重复使用，因此在未咨询分配者的情况下，使用者无法了解其分配时的环境。标识符的持久性可以认为是该理念的一种延伸，即与未来的互操作性。更进一步说明，既然分配者直接控制以外的服务是任意定义的，那么互操作性就意味着要求扩展性。因此，DOI 系统是适用于所有数字对象的通用框架，为标识、描述和解析提供了结构化的、可扩展的方法。分配给 DOI 号的实体可以是任何逻辑实体。

二、科技资源标识体系

近年来，标识制度广泛应用于期刊出版、物联网等实体资源管理领域，并呈现向科学数据等数字资源快速延伸的趋势，已经成为支撑科技资源管理及应用的重要手段，甚至成为掌控科技资源生态系统建设和发展的重要基础设施。推动我国科技资源标识体系建设，旨在探索建立国内自主、国际互通、开放规范的标识管理体系，支持我国数字主权和科技资源知识产权保护，促进科技资源信息互联互通，实现我国科技资源永久可定位、可追溯、可引用、可统计与可评价，规范科技资源引用，保障科技资源生产者权益，力争实现我国科技资源标识体系的国际互认，促进科技资源开放共享，构建科技资源标识为核心的科技资源管理与开放共享生态系统。

科技资源标识体系建设通过序列号制度规范我国科技资源管理与使用，是保障资源安全、规范资源管理、加强产权保护和提升资源应用服务能力的重要支撑。根据《科学数据管理办法》（国办发〔2018〕17 号）和《国家科技资源共享服务平台管理办法》（国科发基〔2018〕48 号）规定国家科技资源均应按照国家标准进行标识。国家科学技术部科技基础条件平台中心依据国家标准《GB/T 32843—2016 科技资源标识》牵头组织科技资源持久化标识体系 CSTR 建设，国家农业科学数据中心成为首批 CSTR 标识注册机构，注册机构号为 17058。

国家农业科学数据中心成为我国自主的 CSTR 标识注册机构后，被授权开展农业领域的科学数据资源 CSTR 标识赋号工作。此举打破了 DOI 对资源标识的垄断，使得国家农业科学数据中心可以为我国农业领域科学数据资源的权属界定、持久存贮、开放共享和引用分析等方面提供一流的基础环境条件，将会有力促进农业领域科学数据的开放共享和应用。

第三节　农业科学数据权属

随着科学技术的进步，科学数据的体量迅速增大，纸质期刊已无法刊载，因此现今学术论文往往只有科研成果的论述独立出版。农业科学数据出版或以数据库形式共享的科学数据，如果缺乏有效的版权保护，将使农业科学数据的提供者只有义务缺乏权利，进而影响共享科学数据的积极性。而农业科研成果的论述缺乏农业科学数据或提供的农业科学数据难以复用，将阻碍科研成果的验证和进一步的科学研究。

一、国际农业科学数据的权属

《世界知识产权组织版权条约》（World Intellectual Property Organization Copyright Treaty，WCT），简称《WIPO 版权条约》，是 1996 年 12 月 20 日由世界知识产权组织主持，有 120 多个国家代表参加的外交会议上缔结的，主要为解决国际互联网络环境下应用数字技术而产生的版权保护新问题。截至 2006 年 10 月 13 日，加入 WCT 的国家已达 60 个。WCT 第五条将数据库作为汇编作品看待。实践中，各国对于数据库采取了不同的保护方式。例如，欧盟对于具有“独创性”的数据库给予著作权保护，不够“独创”的给予特别保护。中国、德国、美国的著作权法根据“独创性”原则给予数据库著作权保护。同时，WCT 第二条规定：版权保护延及表达，而不延及思想、过程、操作方法或数学概念本身。因此，科学数据集是否属于著作权保护的“作品”要视具体情况而定。其判断标准有二：该数据集是否属于作品；是否具有原创性。受版权法保护的数据集通常享有著作财产权和著作人身权两类权利。著作财产权包括复制权、发布权、网络传播权、格式转换权、保持版权信息与作品完整权以及加密权等。著作人身权包括署名权、反对虚假署名和贬损作者的权利。不过，英美法系国家一般不承认著作人身权。

二、中国农业科学数据的权属

在我国，党的十九届四中全会提出将数据作为一项新的生产要素参与市场分配。2020年，《中共中央　国务院关于构建更加完善的要素市场化配置体制机制的意见》直接将数据纳入生产要素范围，明确要加快培育数据要素市场。2021年6月10日，第十三届全国人民代表大会常务委员会第二十九次会议通过《中华人民共和国数据安全法》，自2021年9月1日起施行。《中华人民共和国数据安全法》明确保护与数据相关的权益，其中第七条提到国家保护个人、组织与数据有关的权益，鼓励数据依法合理有效利用，保障数据依法有序自由流动，促进以数据为关键要素的数字经济发展。

第四节　国家农业科学数据中心门户网站

一、国家农业科学数据中心门户网站总体介绍

国家农业科学数据中心门户网站（https://www.agridata.cn/）是农业科学数据展示、查询、宣传的总平台，用户交互的总门户，具有数据检索、数据资源浏览、专题数据服务、数据汇交服务、数据服务等多项功能。向全社会广大用户提供高效、便捷的农业科学数据资源目录、元数据和实体数据服务。国家农业科学数据网站架构见图6-1，网站首页见图6-2。

国家农业科学数据中心平台门户网站，包括中心平台的4个应用系统，即：汇交系统、加工系统、长期存储系统和服务系统。农业科学数据汇交系统主要对科技项目科学数据、长期定位观测科学数据和自建科学数据三大类数据进行收集，实现科学数据汇交计划和汇交内容的提交、审核、跟进、反馈和审批。农业科学数据加工系统对原始数据的元数据和实体数据进行加工，添加科学数据资源标识，进行科学数据智能融汇与分类。经过加工的数据进入农业科学数据长期存储系统进行存储与管理。农业科学数据工作服务系统汇聚各学科领域数据中心信息，为中心工作提供便捷的统计、监测和管理的窗口。

农业科学专题数据库是由加工系统处理后形成的观测数据集、精品数据集、

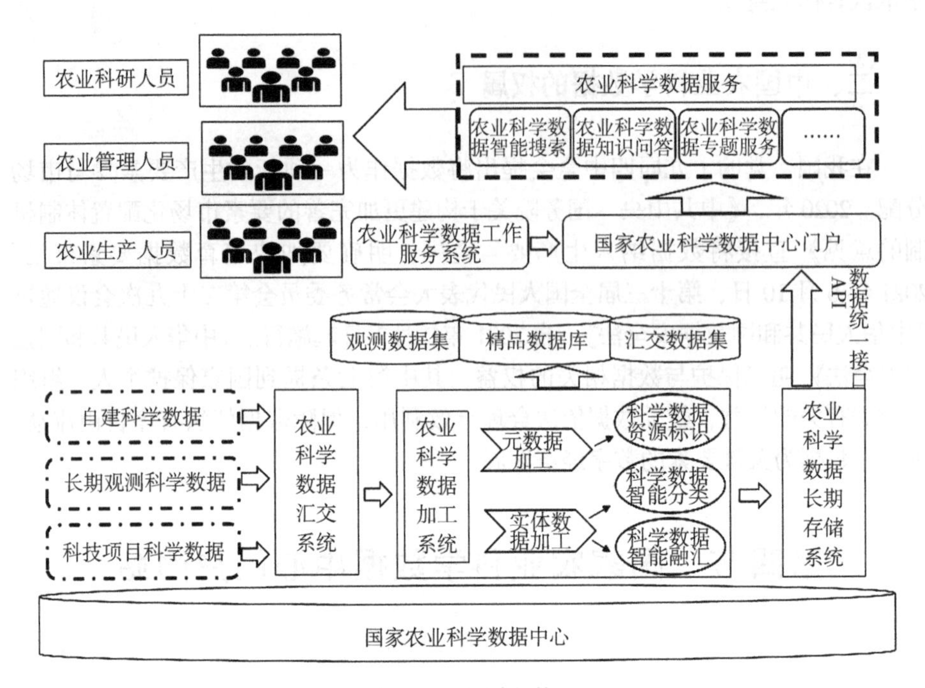

图 6-1　网站架构

汇交数据集组成，是中心为用户提供的主要数据产品。用户可以通过平台门户获取需要的专题科研数据。

二、技术架构

国家农业科学数据中心门户网站整体采用前后端分离架构，见图 6-3。前后端之间使用 REST 服务将前后端进行解耦，仅通过 Internet 进行基于 Http 协议和 Websocket 协议进行网络应用间的交互。相对于传统架构来说有较高的页面渲染效果，对服务器的压力较小，维护成本较低。后端使用 .NET 开发数据接口，处理业务逻辑，与数据库连接进行数据增删、改查相关操作。前端基于 Vue-CLI 框架搭建，提供响应式布局和丰富的组件，便于开发的同时也调高了界面的显示效果和用户的使用体验。

国家农业科学数据中心门户网站采用 B/S（浏览器/服务器）模式，技术框架采用三层体系架构，分别为表现层、业务逻辑层、数据持久层。三层体系架

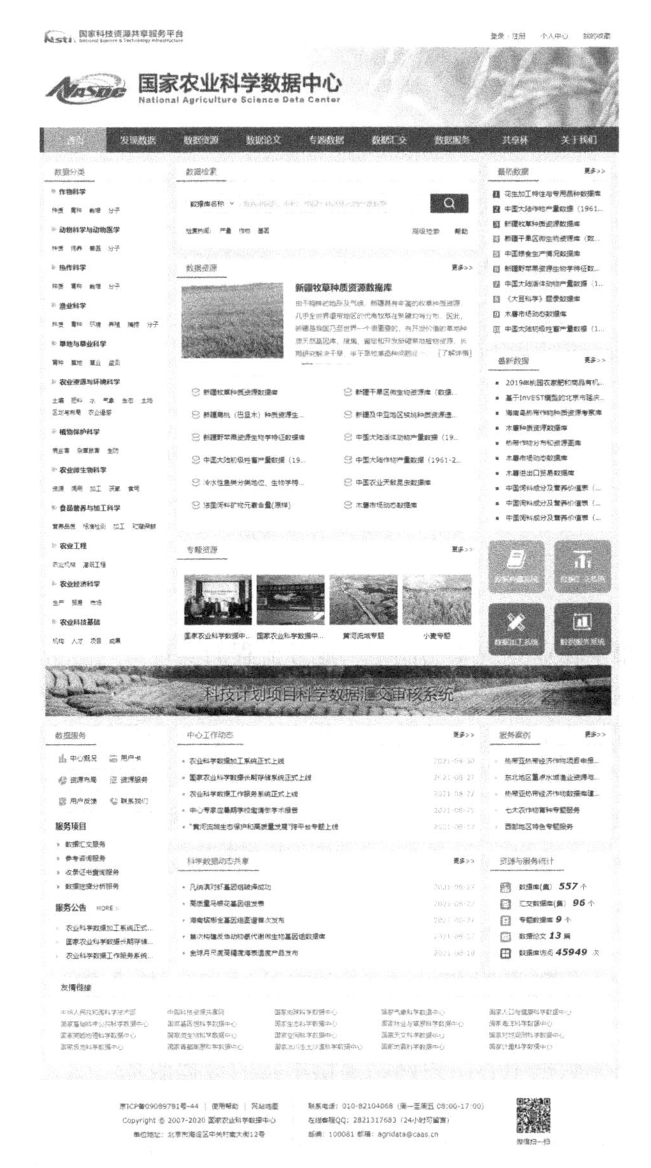

图 6–2　国家农业科学数据中心门户

构实现了分散关注、松散耦合、逻辑复用、标准定义的目的。表现层：位于最外层，用于显示数据和接收用户输入的数据，为用户提供一种交互式的操作界面。该层中采用 MVC 模式，将用户界面与后置代码区分开，利用 AJAX 技术，全面提高用户使用体验。业务逻辑层：是系统架构中体现核心价值的部分，它

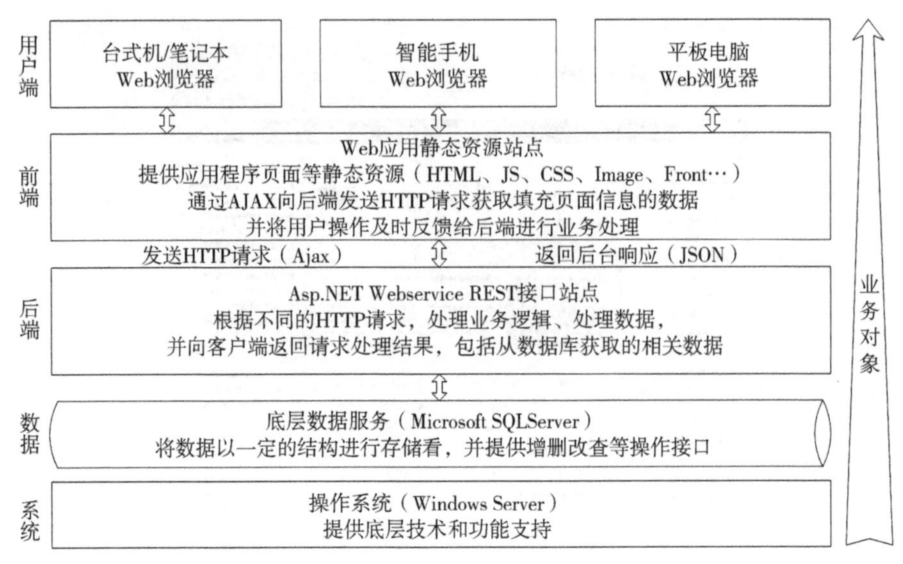

图 6-3　前后端分离技术架构

的关注点主要集中在业务规则的制定、业务流程的实现等与业务需求有关的系统设计，实现网站业务功能。业务逻辑层在体系架构中的重要位置，它处于数据持久层与表现层之间，起到了数据交换中承上启下的作用。数据持久层：主要功能是负责数据库操作和汇交实体数据的存储。系统中填报的数据存储在数据库中，便于频繁地改动；汇交的实体数据存储在磁盘中，不支持外部修改。为了方便数据处理，引入 ORM 技术，形成数据表与对象之间的 Mapping，实现对象实体的持久化。

三、国家农业科学数据中心门户网站数据服务介绍

国家农业科学数据中心门户网站提供丰富的数据服务，除了基础的数据检索服务，还包括“参考咨询服务”“数据挖掘分析服务”“数据配套工具导航”“数据库（集）收录认证与查询”“用户卡服务”“资源布局和资源服务”“用户反馈”等。

1. 参考咨询服务

选择〖参考咨询服务〗，选择学科分类，按照页面提示填写咨询内容，并留下联系方式，后续工作人员会逐一进行回复，见图 6-4。

图 6-4　参考咨询服务

2. 数据挖掘分析服务

选择〖数据挖掘分析〗，用户按照页面提示的服务流程发起数据挖掘分析请求，后续工作人员会逐一联系发起请求的用户，并提供所需服务，见 图 6-5。

数据挖掘分析

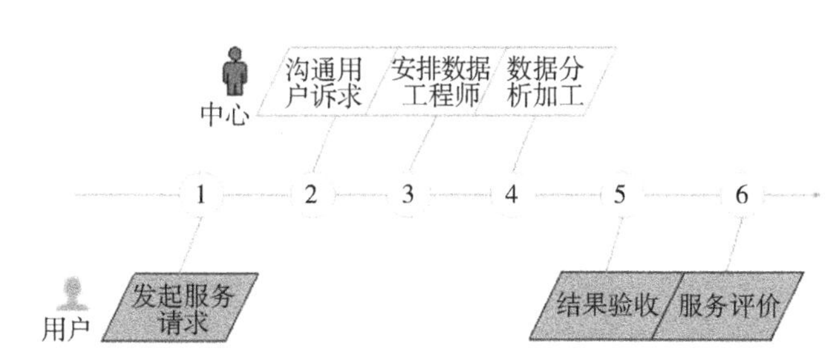

1.用户可以根据自己实际需要，发起数据挖掘分析服务请求，需按要求填写服务单信息。
2.国家农业科学数据中心收到服务请求后，服务人员根据服务请求的先后顺序来联系用户进行沟通。
3.服务人员沟通了解具体的需求后，会安排相应的数据工程师进行数据分析服务。
4.数据工程师会在约定的时间进行数据分析，并把结果发送用户进行验收。
5.用户对解决的问题进行验收。
6.服务结束后请您对服务进行评价，以便我们进行持续的完善与提升。

图 6-5　数据挖掘分析

3. 数据配套工具导航

选择〖数据配套工具导航〗，可查看三类常用的数据配套工具：数据采集工具、数据库工具以及数据分析工具，单击想要查看的工具跳转到该工具的官网进行具体信息浏览，见图 6-6。

图 6-6　数据配套工具导航

4. 数据库（集）收录认证

选择〖数据库（集）收录认证〗，可提交认证申请，国家农业科学数据中心为通过审核的数据库（集）颁发电子及纸质收录证书。数据收录证书包含农业领域科学数据资源认证信息，用以证明该数据资源内容符合国家及农业行业数据安全管理的有关规定，具有明确的版权归属，见图 6-7。

数据库（集）收录认证

申请者类型：个人 ＊申请人：
＊联系电话： ＊电子邮箱：
＊数据库（集）：＋ 选择数据库（集）
＊认证凭证：请上传身份证照片；支持文件格式：图片；大小限制：5M 上传凭证
＊申请说明：
提交

图 6–7　数据库（集）收录认证

5. 数据库（集）收录查询

选择〖数据库（集）收录查询〗，可输入数据集名称关键词或者资源标识符，点击〖查询〗按钮，查询相应数据库的收录证书，见图 6–8。

数据库（集）收录查询

请输入数据库（集）名称关键字　请输入资源标识符　查询

已有98个数据库（集）完成收录认证

图 6–8　数据库（集）收录查询

6. 用户卡服务

选择〖用户卡〗，可查看用户卡的介绍，见图 6–9。

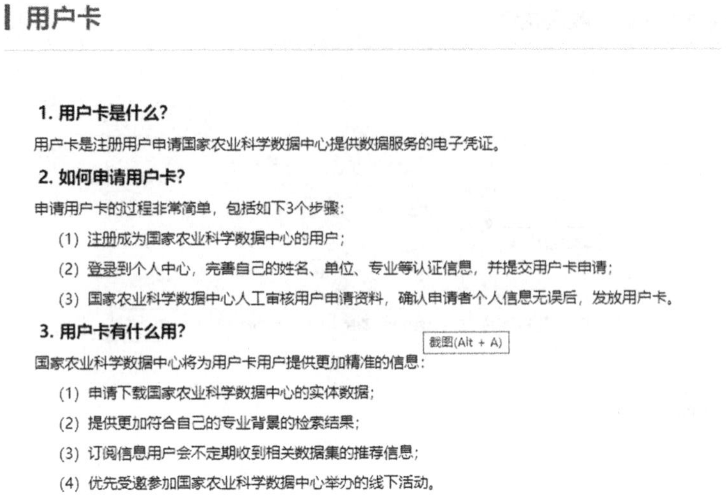

用户卡

1. 用户卡是什么?

用户卡是注册用户申请国家农业科学数据中心提供数据服务的电子凭证。

2. 如何申请用户卡?

申请用户卡的过程非常简单，包括如下3个步骤:

(1) 注册成为国家农业科学数据中心的用户;

(2) 登录到个人中心，完善自己的姓名、单位、专业等认证信息，并提交用户卡申请;

(3) 国家农业科学数据中心人工审核用户申请资料，确认申请者个人信息无误后，发放用户卡。

3. 用户卡有什么用?

截图(Alt + A)

国家农业科学数据中心将为用户卡用户提供更加精准的信息:

(1) 申请下载国家农业科学数据中心的实体数据;

(2) 提供更加符合自己的专业背景的检索结果;

(3) 订阅信息用户会不定期收到相关数据集的推荐信息;

(4) 优先受邀参加国家农业科学数据中心举办的线下活动。

图 6-9　用户卡的介绍

四、农业科学数据工作服务系统

为提升国家农业学科数据中心服务质量，汇聚各学科领域数据中心信息，为中心工作提供便捷的统计、监测和管理的窗口，开发了农业科学数据工作服务系统。农业科学数据工作服务系统集数据在线服务、数据案例填报为一体的科学数据服务系统，为数据分中心、省级数据服务中心的日常运行提供信息化支撑。系统主要功能包括信息发布、信息管理、服务案例发布、服务案例管理、信息审核、用户反馈管理、角色管理、用户管理、机构信息管理等，见图 6-10。

五、农业基础性长期性科技工作系统介绍

农业基础性长期性科技工作是国家农业科技创新体系的重要组成部分，它依据我国农业生产区划与农业学科发展特征，对农业生产要素及其动态变化进行系统的观测、监测和记录，旨在阐明其联系及发展规律，为推动农业科技创新提供基础支撑，为农业农村绿色发展和管理决策提供科学依据。国家农业科学数据中心作为农业农村部农业科学观测体系的数据总中心，负责汇集涵盖土壤质量、农业环境、植物保护、畜禽养殖、动物疫病、作物种质、农业微生物、渔业科学、天敌昆虫、农产品质量 10 个学科的 2 280 项长期监测检测指标。在

图 6-10　农业科学数据工作服务系统

中国农业科学院科技局协同创新处（国家农业科技创新联盟办公室）的正确领导下和中国农业科学院农业信息研究所的支持下，国家农业科学数据中心持续发力，不断开发业务系统，提升工作体系的管理水平和业务能力。

1. 国家农业观测数据平台三级门户介绍

国家农业科学数据总中心根据两个办法《国家农业科学观测工作管理办法（试行）》（农科教发〔2019〕2 号）、《国家农业科学观测数据管理与开放共享办法（试行）》的规定，开发工作业务系统，根据工作角色、定位、职责分工、工作内容以及考评原则等，在业务系统中固化和实现了两个办法的各项规定。

国家农业观测数据平台三级门户突出体系的完整性和统一性，实现数据资源展示和汇聚功能，为观测实验站、学科领域数据中心和数据总中心提供展示工作能力和特色的平台。目前主要服务于 1 个国家农业科学数据总中心、10 个学科领域数据中心和 116 个国家重点观测实验站，能够覆盖整个工作体系所有成员。

在总中心网页层面，强化了数据资源汇总、服务案例、工作动态等内容的汇聚功能，对学科领域数据中心的数据工作按照入库率、填报率和完成率（以下简称三率）进行排序，并通过数据可视化，实现对工作的监测，见图 6-11。

在学科领域数据中心层面，主要突出领域监测的所有指标、领域汇集的数

图 6-11 国家农业观测数据平台总中心门户

据资源、发布的监测标准规范以及撰写的数据分析报告等，为学科领域数据中心展示领域特色和优势，提供了良好支撑，见图 6-12。

在观测实验站层面，主要突出观测实验站工作的特色，包括监测指标、项目内容、开放合作、科研成果、设备仪器、人员组成等，为观测实验站全方位展示实力，发现合作机会，提供了良好的契机，见图 6-13。

2. 国家农业科学观测数据平台介绍

长期性科学观测工作的统计和监测是总中心重要的职责，是面向上级领导，提供决策支撑的重要内容和手段。总中心开发了面向时间、地域、农业实体、监测指标、三率等多维度的可视化监测统计平台，可以真实直观反映各个工作节点的工作状态、任务进展情况、完成情况等，并按照完成情况进行排名，为领导决策提供参考依据。

国家农业科学观测数据平台可以分别从总中心、学科领域数据中心和观测实验站的维度进行数据的监测。

图 6-12　国家农业观测数据平台学科领域数据中心门户

图 6-13　国家农业观测数据平台观测实验站门户

参考文献

白燕，杨雅萍，2020. 科技基础性工作专项数据汇交实践与启示 [J]. 中国科技资源导刊，52 (4)：70-79.

白燕，杨雅萍，王祎，2020. 科技基础性工作专项资源环境领域项目数据汇交进展与分析 [J]. 中国科技资源导刊，52 (5)：52-62.

北京大学开放研究数据平台 [EB/OL]. [2020-01-20]. http：//opendata. pku. edu. cn/.

北京农业数字信息资源中心 . [2021-09-03]. http：//www. agridata. ac. cn/Web.

柴苗岭，黄琳，任运月，2020. 重要开放农业科学数据资源建设现状综述 [J]. 农业图书情报学报，32 (10)：25-34.

常春，2004. Ontology 在农业信息管理中的构建和转化 [D]. 北京：中国农业科学院.

诸云强，孙凯，杨雅萍，等，2017. 科技基础性工作数据资料的汇交与整编 [J]. 中国科技资源导刊，49 (5)：12-20.

邓志鸿，唐世渭，杨冬青，2002. 基于本体的多 Agent 分布式数字图书馆资源信息发现服务模型之研究 [J]. 计算机工程 (6)：37-38，58.

顾立平，2016. 科学数据开放获取的政策研究 [M]. 北京：科学技术文献出版社.

国家电子政务标准化总体组 . 电子政务数据元第 1 部分：设计和管理规范 GB/T 19488. 1-2004 [S/OL]. [2016-05-07]. http：//doc. mbalib. com/Vie/99c53a7aebf4c336e707588bae5bed50. html.

国家水稻数据中心 . [2021-09-03]. http：//www. ricedata. cn/.

何琳，常颖聪，2014. 国内外科学数据出版研究进展 [J]. 图书情报工作，58 (5)：104-110.

胡卉，吴鸣，2016. 嵌入科研工作流与数据生命周期的数据素养能力研究 [J]. 图书与情报 (4)：125-137.

黄立芳，2014. 大数据时代呼唤数据产权 [J]. 法制博览 (4)：50-51.
黄如花，邱春艳，2014. 国内外科学数据元数据研究进展 [J]. 图书与情报 (6)：102-108.
黄雅琼，2018. 数据库逻辑设计中的规范化 [J]. 信息记录材料，19 (3)：247-248.
基于文档型非关系型数据库的档案数据存储规范. 国家档案局，2020，5.
李景，钱平，2004. 叙词表与本体的区别与联系 [J]. 中国图书馆学报 (1)：38-41.
李梦霞，2020. 大数据时代科技项目管理的优化创新路径分析 [J]. 中国集体经济 (21)：29-30.
刘为，2018. 基于语义网的傣族历史档案信息资源开发研究 [D]. 昆明：云南大学.
毛军，2002. Web 信息服务中受控语言研究 [D]. 北京：中国科学院研究生院 (文献情报中心).
农业基础性长期性科技工作简介 [J]. 农业大数据学报，2019，1 (1)：88-93.
彭秀媛，2018. 农业科学数据共享模式与技术系统研究 [D]. 北京：中国农业科学院.
乔波，2019. 基于农业叙词表的知识图谱构建技术研究 [D]. 长沙：湖南农业大学.
司莉，邢文明，2013. 国外科学数据管理与共享政策调查及对我国的启示 [J]. 情报资料工作 (1)：61-66.
孙九林，王卷乐，2008. 探索分散科学数据资源共享之路：记“地球系统科学数据共享网” [M]. 北京：中国科学技术出版社.
汤琪，2016. 大数据交易中的产权问题研究 [J]. 图书与情报 (4)：38-45.
唐晶，屈文建，2020. 高校科研项目周期中数据质量控制模式探究 [J]. 知识管理论坛，5 (1)：24-35.
图书馆·情报与文献学名词审定委员会，2019. 图书馆·情报与文献学名词 [M]. 北京：科学出版社.
王卷乐，祝俊祥，杨雅萍，等，2013. 国外科技计划项目数据汇交政策及对我国的启示 [J]. 中国科技资源导刊 (2)：17-23. DOI：10.3772/j.issn.1674-1544.2013.02.004.
王巧玲，钟永恒，江洪，2009. 英国科学数据共享政策法规研究 [J]. 图书馆杂志（10）：62-65.
温孚江，2015. 大数据农业［M］. 北京：中国农业出版社.
鲜国建，2008. 农业科学叙词表向农业本体转化系统的研究与实现［D］. 北京：中国农业科学院.
项英，赖剑菲，丁宁，2013. 高校图书馆科学数据管理服务实践探索：以武汉大学社会科学数据管理为例［J］. 情报理论与实践（12）：93-97.
熊明民，2015. 加强我国农业科技基础性长期性数据监测工作的建议［J］. 农业科技管理，34（5）：39-42，70.
杨立新，陈小江，2016. 衍生数据是数据专有权的客体［N］. 中国社会科学报，07-13（5）.
尹峥晖，2015. 基于叙词表的领域本体构建［D］. 长沙：湖南大学.
曾新红，明仲，蒋颖，等，2008. 中文叙词表本体共建共享系统研究 . 情报学报，27（3）：386-394.
张静蓓，任树怀，2016. 国外科研数据知识库数据质量控制研究［J］. 图书馆杂志，35（11）：38-44.
张莉，2006. 中国农业科学数据共享发展研究［D］. 北京：中国农业科学院.
赵红伟，崔运鹏，2019. 农业科技工作数据汇交系统建设［J］. 内蒙古农业大学学报（自然科学版），40（4）：85-93.
赵华，王健，2015. 国内外科学数据元数据标准及内容分析［J］. 情报探索（2）：21-24，30.
赵瑞雪，2009. 农业科学数据共享中数据汇交与管理研究［J］. 科技管理研究，29（8）：284-286.
赵瑞雪，赵华，郑建华，等，2019. 科研机构科学数据管理实践与展望［J］. 农业大数据学报，1（4）：65-75.
赵瑞雪，赵华，朱亮，2019. 国内外农业科学大数据建设与共享进展［J］. 农业大数据学报（1）：24-37.
赵艳枝，2015. 长尾数据监护与图书馆的职责：伊利诺伊香槟大学图书馆范例研究［J］. 国家图书馆学刊，24（3）：79-84.
钟声，2014. 大数据驱动的高校图书馆数据监护探究［J］. 情报资料工作，35（3）：103，106.
周宏仁，2016. 我国数据产业发展前景光明［N］. 人民日报，01-18

（07）.

邹德秀，1986. 论农业科学的体系 [J]. 农业现代化研究（4）：5-8.

Ag data commons | providing central access to USDA's open research data [EB/OL]. [2020-07-24]. https：//data. nal. usda. gov/.

Agriculture，forestry and fisheries-data govt. Nz-discover and use data [EB/OL]. [2020-07-29]. https：//catalogue. data. govt. nz/group/3a53bc45-ab5a-478d-b613-c6b31ba0857c？organization=ministryfor-primary-industries.

Ekhrala c. Application of Metadata. Repository and Master Data Management in Clinical Trial and Drug Safety [J]. Software Innovations in Clinical Drug Development&Safety，2016.

GB/T 31075—2014 科技平台通用术语第 2 部分院术语和定义 . GB/T 31075-2014 General Terms for Technology Platforms—Part 2：Terms and Definitions.

GODAN. Ownership of Open Data：Governance Options for Agriculture and Nutrition [R/OL]. (2016-09-15) [2012-12-20] http：//www.godan.info/documents/ownership-open-datagovernance-options-agriculture-and-nutrition-.

GOODMAN A，PEPE A，BLOCKER A W，et al，2014. Ten simple rules for the care and feeding of scientific data [J]. PLoS computational biology，10 (4)：e1003542.

GRUBER，T. R.，1993. "A Translational Approach to Portable Ontologies." Knowledge Acquisition，5 (2)：199-220.

GUARINO，N. AND R. POLI，1995. "Editorial：The role of formal ontology in the information technology." International Journal of Human-Computer Studies，43 (5-6)：623-624.

LISA HARPER，et al，2018. AgBioData consortium recommendations for sustainable genomics and genetics databases for agriculture [J]. Database：1-32.

MILES，A. AND S. BECHHOFER，2009. "SKOS Simple Knowledge Organization System Reference." World Wide Web Consortium.

Research Compendia [EB/OL]. [2015-05-19]. http：//researchcompendia.org/. https：//www.ukdataservice.ac.uk/manage-data/format/recommendedformats. aspx.

RunMyCode [EB/OL]. [2015-05-19]. http://www. runmycode. org/.

The Open ScienceFramework [EB/OL]. [2015-05-18]. https://osf. io/.

TONY H, STEWART T, KRISTIN T, 2009. The Fourth Paradigm: Data-Intensive Scientific Discovery [M]. Microsoft Research.

Upgrade to figshare premium and get a completelyfree copy of Projects! [EB/OL]. [2015-05-18]. http://figshare. com/blog/Upgrade_ to/110.

Zenodo [EB/OL]. [2015-05-18]. https://zenodo. org/.